U0208380

『通古察今』系列丛书

清代畿辅水利文献研究

王培华 著

河南人民出版社

图书在版编目（CIP）数据

清代畿辅水利文献研究 ／ 王培华著 . — 郑州 ：
河南人民出版社，2019. 12（2025. 3 重印）
（"通古察今"系列丛书）
ISBN 978-7-215-12105-8

Ⅰ．①清… Ⅱ．①王… Ⅲ．①水利史－史料－河北－
清代 Ⅳ．①TV-092

中国版本图书馆 CIP 数据核字（2019）第 267902 号

河南人民出版社 出版发行

（地址：郑州市郑东新区祥盛街 27 号 邮政编码：450016 电话：0371-65788077）
新华书店经销　　　　　环球东方（北京）印务有限公司印刷
开本　787mm×1092mm　　　　1/32　　　印张　6.25
字数　88 千
2019 年 12 月第 1 版　　　　　2025 年 3 月第 2 次印刷

定价：52.00 元

"通古察今"系列丛书编辑委员会

序　言

在北京师范大学的百余年发展历程中，历史学科始终占有重要地位。经过几代人的不懈努力，今天的北京师范大学历史学院业已成为史学研究的重要基地，是国家首批博士学位一级学科授予权单位，拥有国家重点学科、博士后流动站、教育部人文社会科学重点研究基地等一系列学术平台，综合实力居全国高校历史学科前列。目前被列入国家一流大学一流学科建设行列，正在向世界一流学科迈进。在教学方面，历史学院的课程改革、教材编纂、教书育人，都取得了显著的成绩，曾荣获国家教学改革成果一等奖。在科学研究方面，同样取得了令人瞩目的成就，在出版了由白寿彝教授任总主编、被学术界誉为"20世纪中国史学的压轴之作"的多卷本《中国通史》后，一批底蕴深厚、质量高超的学术论著相继问世，如八卷本《中国文化发展史》、二十卷本"中国古代社会和政治研究丛书"、三卷本《清代理学史》、五卷本《历史文化认同与中国统一多民族国家》、二十三卷本《陈垣全集》，以及《历史视野下的中华民族精神》《中西古代历史、史学与理论比较研究》《上博简〈诗论〉研究》等，这些著作皆声誉卓著，在学界产生较大影响，得到同行普遍好评。

除上述著作外，历史学院的教师们潜心学术，以探索精神攻关，又陆续取得了众多具有原创性的成果，在历史学各分支学科的研究上连创佳绩，始终处在学科前沿。为了集中展示历史学院的这些探索性成果，我们组织编写了这套"通古察今"系列丛书。丛书所收著作多以问题为导向，集中解决古今中外历史上值得关注的重要学术问题，篇幅虽小，然问题意识明显，学术视野尤为开阔。希冀它的出版，在促进北京师范大学历史学科更好发展的同时，为学术界乃至全社会贡献一批真正立得住的学术佳作。

当然，作为探索性的系列丛书，不成熟乃至疏漏之处在所难免，还望学界同人不吝赐教。

北京师范大学历史学院
北京师范大学史学理论与史学史研究中心
北京师范大学"通古察今"系列丛书编辑委员会
2019 年 1 月

目　录

前　言

自辽太宗耶律德光会同元年（后晋天福三年，938）升幽州为南京，为五京之一，辽圣宗开泰元年（1012）改称燕京，迄今北京作为首都，已经一千余年。

辽在燕京多设财赋官，征集汉地的财赋。金海陵王与多数臣僚认为，上京会宁府地理位置偏僻，"转漕艰而民不便"，天德二年（1150）让左右丞相张浩、张通古，左丞蔡松年调诸路夫匠，修筑燕京宫室，天德四年（1152）冬燕京新宫筑成。海陵王贞元元年（1153），金由上京会宁府迁都于燕，燕京改称中都。大蒙古国忽必烈于中统元年（1260）春即汗位于上都开平，中统五年（1264，后改至元元年）改燕京为中都。至元九年（1272）中都又改称大都，这样上都、大都成为两个政治中心。明代，燕王朱棣发动政变后，改北平为北京，永乐十九年（1421）迁都北京。清朝定都北京。

建都北京，面临的最主要问题是，北京及其周边地区的农业生产，不足以支持首都皇室、百官、军队的粮食等物资需求。首都所需粮食，依赖东南漕运。金自海陵王都燕后，京师粮食，依赖山东、河北等地的供应。初时用陆运，后来使用御河漕运山东、河北粮食，先到通州，再由通州陆运到京师。大定二十一年（1181），诏沿河恩、献等六州粟六百万石到通州，辇入京师。元世祖至元十二年（1275），丞相伯颜，访自江淮达大都的河道，向元世祖建议开通南北运河，至元十八年（1281）至二十年（1283），二十六年（1289）开成济州河、会通河，北接运河，南接江南运河，漕运东南（含江南）。至元十二年（1275）平宋后，始运江南粮，至元十九年（1282）始用海运。每年二三百万石，分春夏二运，风信有时，自浙西不旬月就到达京师，"内外官府，大小吏士，至于细民，无不仰给于此"。明清两朝，每年定额漕粮四百万石，成为定制。

漕运，海运，确实能保障京师皇室、百官、军队的粮食供应，但是，也有不少问题。首先，海船历经风涛之险，出现船米漂失等问题，不仅造成粮食损失，而且有人员伤亡，其中可能出现运船一出刘家港，就有人故意凿沉船只盗走粮食，或者东南海盗混入船队盗取粮食等问题。其次，运河是违背自然条件的人工河道。运河自南至北，黄河各支流自西向东，运河改变了黄河流域各水的原始入海通道，使黄河河患频发。另外，运河水源不足，用山东中部诸河诸泉为水源，把本可用于灌溉的水源，用于运河。自明永乐时，又开始借黄济运，造成运河年年淤塞，年年修筑，浪费金钱于河道，人民力役负担重。漕运中又产生各种费用，如脚价，过徐州洪和吕梁洪的过闸之费，守冻之苦及守冻之费，漕船剥浅挨帮之费，漂流之费，运军之费，在京各衙门勒索之费。[1] 最后，也是最主要的，漕运费用高昂，加重东南人民的赋税负担。如，明代，苏、松、常、嘉、湖五府，每年都供应内府及京师各官员俸米，谓之白粮。供应两京各衙门并公侯驸马禄米，谓之禄米。白粮和禄米，都由民运。其总额大概在 20 万石，运输费则达到 90 余万石。每年漕运定

---

[1] 王培华：《元明北京建都与粮食供应》，文津出版社，2003 年，第262—271 页。

额400万石,总费用则在一千五六百万石。大致一石米,运到北京,费用十石不止。清朝嘉庆中,协办大学士刘权在奏疏中说,"南漕每石,费十八金"。漕粮到京后,八旗不习惯食米,往往以漕米易钱,一石米换银钱一两多,即漕粮一石到京需花费18两白银,但是在北京,每石漕粮只换取一两银。每年漕运定额400万石,而沿途及在京费用,则在1400—1500万石以上。这对江南农民是沉重的负担。

因此,自元代开始,江南官员学者就批评京师粮食依赖东南,提出恢复海运,发展畿辅水利,就近解决京师粮食供应问题,缓解对东南的压力。元明清时期,有五六十位江南籍官员学者,还有几位北方官员学者,主张发展西北华北(畿辅)水利。他们都有关于西北水利、畿辅水利的著述。郭守敬面陈水利六事,虞集作《礼部会试策问》,丘濬著《屯营之田》,归有光作《嘉靖庚子科乡试对策》,徐贞明奏《请亟修水利以预储蓄疏》并著《潞水客谈》,冯应京著《国朝重农考》,汪应蛟奏《滨海屯田疏》,董应举奏《请修天津屯田疏》,左光斗奏《屯田水利疏》,徐光启著《农政全书·西北水利》和《旱田用水疏》,许承宣著《西北水利议》，陆陇其作《论直隶兴除事宜书》，李光地作《请开河间府水田疏》《请兴直隶水利疏》和《饬兴水利牒》，方苞作《与李觉菴论圩田书》，沈梦兰著《五省沟洫图则四说》，陈黄中著《京东水利议》，蓝鼎元著《论北直水利书》，徐越奏《畿辅水利疏》，柴潮生奏《敬陈水利救荒疏》，赵一清著《畿辅水利书》，朱轼和允祥合奏《畿南请设营田疏》《京东水利情形疏》和《京西水利情形疏》等。陈仪纂《畿辅通志》卷四十七《营田》和《陈学士文集》，逯选著《畿辅水利志略》，包世臣作《海淀问答己巳》《庚辰杂著四》和《畿辅开屯以济漕弊议》，蒋时著《畿辅水利志》，冯桂芬著《校邠庐抗议·兴水利》，丁寿昌奏《筹备京仓疏》，周盛传作《议覆津东水利稿》和《拟开海河各处引河试办屯垦禀》，李鸿章奏《防军试垦碱水沽一带稻田情形疏》，左宗棠奏《拟调随带各营驻扎畿郊备办旗兵兴修水利折》。清代题名为"畿辅水利"的议论章奏很多，以上所举只是其荦荦大者。

嘉庆、道光时，清口淤积，漕、河弊政，积重难返。海运优于河运，但嘉庆帝明令禁议海运，说："漕运由内河行走已阅数百年，惟有谨守前人成法，将河道尽心修治,……断不可轻易更张。"道光四年（1824），洪湖高堰溃决，运道梗阻，道光帝被迫接受大学士英和等人的请求，允许试行海运。次年海运大获成果，160 余万石漕米安然抵京，节省银 10 万多两，米 10 多万石。组织者希望推而广之，使海运垂为定制。但是道光帝看到清口创灌塘法，河运可以苟且，竟下令停止海运。有识之士无不扼腕叹息。[1]

嘉庆、道光年间，出现多种畿辅水利著作，唐鉴《畿辅水利备览》、潘锡恩《畿辅水利四案》、吴邦庆《畿辅河道水利丛书》、林则徐《畿辅水利议》，都是比较著名的。

清代，汉族士大夫多居住在京师宣武门外，有些人交往密切，有生活和思想的交流，互相赠送著作。嘉庆时，唐鉴住椿树头条，陶澍住椿树二条，二人交往密切。《陶澍全集》卷五十五《谢唐镜海太史惠丸药》云："我庐君屋咫尺间（余居椿树头条胡同，君居二条胡同），街南道北时往还。"卷五十九《雪意和镜海》："同年（虹舫先生同举庚申）同岁（镜海同戊戌生）此

---

[1] 引自郑师渠教授为本书作者所著《元明北京建都与粮食供应》所作的序。

相依，居连比舍交尤洽，谊视诸昆意入微。"卷六十三《题镜海扇上画兰》："论心别在无言外，同是湘南九畹人。"这些都显示出了两人生活和思想的交流。嘉庆时，王念孙、林则徐等都住骡马市大街。道光初，潘锡恩住下斜街，魏源住烂漫胡同。龚自珍、曾国藩等，都在南横街住过。

　　清代的宣南，不仅是汉族官员在京师的聚居地，而且是各种政论和思潮产生的地方。宣南士大夫，经常就一些国家大政问题发表意见，互相讨论，引领学术潮流。嘉、道年间，漕运不畅，或畿辅大水；同治年间，太平军占领南京，南粮梗阻，向海外购买则运远，从口外运输则接济不多，采买无银，收捐无应。以上这些因素，都使京师粮食供应紧张，讲求海运和畿辅水利，成为一时潮流。道光三年（1823），畿辅大水，雨潦成灾，朝廷赈济后，"简练习河事大员，俾疏浚直隶河道，并将营治水田，于是京师士大夫多津津谈水利矣"[1]。吴邦庆熟悉京师士大夫的思想潮流，似有可能偶尔来宣南住过，或者访问宣南。魏源说："道光

---

[1] 吴邦庆辑，许道龄校：《畿辅河道水利丛书·潞水客谈·序》，农业出版社，1964年。

五年（1825）夏，运舟陆处，南士北卿，匪漕莫语。"[1]
同治二年（1863）时，冯桂芬说："年来士大夫动有复
河运之议，宣南尤重，问其故，畏外侮而已。"[2] 河政、
漕运、盐政是清朝大政，解决其弊端的方案——恢复
海运、发展畿辅水利等，是清代贯穿始终的政治思潮。
在这种思潮中，唐鉴、潘锡恩、林则徐，都或前或后
地论述畿辅水利，他们之间同明相照、同类相求，其
学术旨趣是相同的。他们著书后，往往赠送给志同道
合者，如唐鉴赠书给陆建瀛、林则徐、曾国藩、何桂珍，
或者向朝廷上奏。

　　这些畿辅水利著作，有共同思想特点，都主张发
展畿辅水利（含华北西北水利），就近解决京师所需粮
食，缓解对东南的粮食压力，此其一。其二，他们在
成书前后，都从事与漕运、河道有关的工作，亲历漕
运的艰难。江苏有三粮道，即江南粮道、苏松粮道、
江安粮道，是巡抚以下重要的督漕官员，经历了漕运

---

[1] 魏源：《筹漕篇上》，《魏源集》上册，中华书局，1976 年。

[2] 盛康编：《皇朝经世文编续编》卷四八《户政二十·漕运中》。冯桂芬：
　　《致曾相侯书》，沈云龙主编：《近代中国史料丛刊第一辑》，台湾文
　　海出版社，1966 年。

的困难，所以想发展畿辅水利，就近解决京师的粮食需求。道光十四年（1834），两江总督陶澍、署漕运总督恩铭、江苏巡抚林则徐、安徽巡抚邓廷桢，合衔保举唐鉴为江安粮道，管理十府粮储，督运漕粮。潘锡恩于道光四年（1824）上疏条陈河务，提出蓄清抵黄的建议，道光帝韪其议。这一年，《畿辅水利四案》成书。道光五年（1825）补淮扬道，六年（1826）至九年（1829）任南河副总督，道光十一年（1831）由他与前南河总督黎世序主持、俞正燮等编辑的《续行水金鉴》成书。道光二十三年（1843）至二十八年（1848）任南河河道总督兼漕运总督。吴邦庆，嘉庆十六年（1811）进士，一直在京师任职，数论河漕事，多被采用。嘉庆十五年（1810）奉命巡视东漕（南运河），道光九年（1829）至十一年（1831），为漕运总督，督漕三年。道光十二年（1832）至十五年（1835）为河东河道总督。林则徐任地方督抚近30年，在江苏时间最长，前后达14年，约嘉庆二十四年（1819）萌生发展畿辅水利思想；道光十一、十二年撰成《畿辅水利议》；道光十四、十五年曾表示欲于觐见皇帝时"将面求经理兹事。以足北储，以苏南土"；道光十七年（1837）

二月觐见时，陈述直隶水利事宜十二条；道光十九年（1839）十一月初九日，于钦差使粤任内上奏办漕切要之事四条，其中本源之本源就是畿辅水利。

其三，他们都追述元郭守敬、虞集，明徐贞明、徐光启、左光斗、汪应蛟，清初蓝理，雍正时畿辅水利，乾隆时数次畿辅水利案例，证明发展发展西北华北水利的可行性。

其四，他们曾向朝廷上疏。唐鉴刊刻《畿辅水利备览》十二本，赠送给陆建瀛、林则徐、曾国藩、何桂珍，并向朝廷上奏，临终他还要曾国藩代替他再次上奏朝廷。唐鉴两次向朝廷进言发展畿辅水利，后来又希望林则徐向朝廷上奏。林则徐道光十九年（1839）冬在广东钦差大臣任上，还向朝廷奏报发展畿辅水利的思想主张，可见林则徐多么重视发展畿辅水利。道光二十一年（1841）秋季，当林则徐在河南河工效力时，唐鉴还向林则徐赠书二种，其中一种就是《畿辅水利备览》。

总之，畿辅水利思想，是清代京师宣南士大夫中一种很重要的思潮，在当时有引领风气的作用。

一、唐鉴《畿辅水利备览》

　　唐鉴（乾隆四十三年至咸丰十一年，1778—1861），字镜海，清代湖南善化人。嘉庆十二年（1807）举人，十四年进士，十六年改翰林院检讨，由翰林授浙江道监察御史。道光元年（1821）至四年（1824），十一年（1831）三月至十三年（1833）春，两任广西平乐知府；十三年五月补授安徽宁池太广道员，十月到任；十四年（1834）春调补江安粮道。历官至太常卿。当时官员如曾国藩、倭仁、何桂珍等都从唐鉴问学。退休后主讲于南京金陵书院。谥号确慎。著有《国朝学案小识》《省身日课》《畿辅水利备览》等[1]。文集名《唐确慎公集》。其理学思想、著述及影响，历来受到注意

---

[1] 《清史稿》卷四八〇《儒林传一·唐鉴》。

和重视。实际上，唐鉴一生极为关心畿辅水利。嘉庆十六年至道光元年（1811—1821），唐鉴编纂《畿辅水利备览》十四卷。道光十九年（1839）刊刻了十二本。道光二十年（1840）和二十一年，唐鉴两次向林则徐陈述其主张，希望由林则徐来主持畿辅水利。咸丰元年（1851）皇帝召对时，唐鉴向咸丰帝陈述其发展畿辅水利的思想主张，并把刻本进奏给军机处。咸丰三年（1853）他又进给朝廷《畿辅水利备览》，朝廷又转赠给直隶总督桂良，直到咸丰十一年（1861）临终前，仍然托其弟子曾国藩把他在咸丰元年的《进〈畿辅水利备览〉疏》再次进献给朝廷，足见其对畿辅水利的殷切期望。唐鉴认为，发展西北六省（直隶、山东、山西、河南、陕西、甘肃）水利后，可以减东南之漕粮为折色，可裁减每年漕运经费和漕督官属；发展直隶水利，只应开垦直隶水田，不必深究河道；并论述了如何开展畿辅水利营田的具体方法和步骤。唐鉴关心畿辅水利，既是他的学识和经历使然，又有历史的和现实的经济社会原因。

畿辅水利備覽卷首

臆說

昔大禹治河其力勤矣而夫子衰其續曰盡力溝洫皋陶

謨亦言濬畎澮惟禹貢一書言旣土旣田而不及溝洫小

雅信彼南山維禹甸之箋云禹治而邱甸之大雅奕奕梁

山維甸之箋云決除其災使成平地定貢賦於天子正

義謂亦是邱甸之也後儒以爲禹不治水土以除洪水之

災當此之時未及邱甸其田也且井邑邱甸出於周法虞

夏之制未有聞焉今以周之法爲虞夏之說又謂禹治水

土皆邱甸之非其義也　鑑竊以爲禹貢之賦雖非邱甸兵

《畿辅水利备览》清道光十九年刻本，上海图书馆藏书

13

1. 撰述年代、流传及上奏情况

关于唐鉴写作《畿辅水利备览》的时间，唐鉴自述：“臣自通籍以来，往来南北，留心此事，稽古诹今，著有《畿辅水利》一书。”[1] 通籍，指进士初及第。这是说他自嘉庆十四年（1809）进士及第开始，往来南北，对于南北方不同的土地利用方式，特别是直隶地利不修，京师仰给江南漕粮及漕运艰难等颇为留心，追寻古代北方地利遗迹或文献，并咨询当时有关直隶土地利用的情况，初步酝酿写作《畿辅水利备览》。但其后三年的庶吉士学习期间，是不可能进行写作的。曾国藩认为，唐鉴是在翰林院时著《畿辅水利备览》，“时时论著以垂于后。”在翰林院时，著有《朱子年谱考异》《省身日课》《畿辅水利》等书。[2] 唐鉴何时在翰林院？清代，凡用庶吉士，曰馆选，入翰林院学习，三年考

---

[1] 《唐确慎公集》卷首《进畿辅水利备览疏》，光绪元年刻本。该书是史明文同志帮笔者从首都师大图书馆借阅的，特此致谢。

[2] 曾国藩：《太常寺卿谥确慎唐公墓志铭》，见缪荃荪：《续碑传集》卷一七，光绪十九年江苏书局校刊。

试散馆，优者留为翰林院编修、检讨[1]。依曾国藩的记载，唐鉴《畿辅水利备览》大致写于嘉庆十六年（1811）授翰林院检讨，至二十一年（1816）五月为浙江道监察御史期间[2]。但咸丰元年（1851）唐鉴说"三十年前著一书，欲将水利补灾畬。藏之箧衍万千日"[3]则由此可上推30年，即道光元年（1821）。总之，唐鉴著书时间，大致始于嘉庆十六年（1811）授翰林院检讨时，至道光元年（1821）外放为广西平乐知府时成书。

关于《畿辅水利备览》的刊刻时间和地点，唐鉴自述："《畿辅水利》一书，刻成十二本。因坊本粗具，不敢进呈。谨交军机以备查采。"[4]这是说，此书成书后，只刊印十二本，流传不广。那么这书是什么时候刊刻的呢？很可能刊刻于道光十九年（1839）。理由是现在确知，唐鉴赠书给他人，都在道光十九年后。今本《畿辅水利备览》道光十九年冬许乔林为《畿辅水利备览》作《序》。其后，道光二十年（1840），唐鉴致信给身

---

[1] 《清史稿》卷一〇八《选举志二》。

[2] 《林则徐集·日记》，中华书局，1962年，第45页。

[3] 《唐确慎公集》卷八《到京召见十一次纪恩四章》。

[4] 《唐确慎公集》卷三《复何丹溪编修书》。

在广州任钦差大臣的林则徐，陈述发展畿辅水利的主张。道光二十一年（1841）秋，唐鉴再次写信给还在河南河工效力的林则徐，陈述发展畿辅水利主张，并赠送《畿辅水利备览》和《省身日课》等。道光二十一年左右，唐鉴向何桂珍陈述《畿辅水利备览》主旨，并讨论应当由什么人主持此事的问题，认为要有"一明晓农务之总管，以经纬之"，使见之真，筹之备，守之坚，任之力，举之当。[1] 这书刊刻于什么地方？有可能是南京。许乔林，江苏海州官员，当道光二十年（1840）淮北士民公刊《陶文毅公全集》时，许乔林在校勘前言中自称门下士，充校勘文字之任，是受知于陶澍的江苏海州官员。《畿辅水利备览》刊刻于道光十九年（1839），许乔林亦可能担当校勘之任。且后来光绪元年（1875）贺瑗刊刻《唐确慎公集》时说："所著《畿辅水利备览》《省身日课》等书，行世已久，惜藏板俱付之金陵劫火中矣。未能覆刻，是有待于将来。"[2] 此书刻板原藏于南京，即可证明此书刊刻于南京。

关于《畿辅水利备览》及其思想主张的流传，根

---

[1] 《唐确慎公集》卷三《复何丹溪编修书》。

[2] 《唐确慎公集》贺熙龄《序》、贺瑗《题跋》。

据师友弟子关系及复何桂珍信件，可知，唐鉴可能赠书给倭仁、曾国藩、何桂珍、陆建瀛、陶澍、贺长龄等。陶澍、唐鉴同为湘南人，又是同岁、同事、朋友。陶澍，嘉庆十四年任国史馆纂修。唐鉴，嘉庆十六年（1811）为翰林院检讨。自嘉庆十六年起，陶澍、唐鉴、贺长龄等时常有结伴同游、宴饮或作诗题画之举，其中嘉庆十九年（1814）三四月，陶澍为会试同考官时生病，唐鉴朝夕护侍。同时他们在京师宣武门外的居所相近，交往密切[1]，因此陶澍很了解唐鉴的读书生活和学术思想[2]，嘉庆二十二、二十三年（1817、1818），陶

[1] 陶澍和唐鉴在宣武门外居所相近，交往密切。《陶澍全集》卷五十五《谢唐镜海太史惠丸药》云："我庐君屋咫尺间（余居椿树头条胡同，君居二条胡同），街南道北时往还。"卷五九《雪意和镜海》："……同年（虹蚧先生同举庚申）同岁（镜海同戊戌生）此相依，居连比舍交尤洽，谊视诸昆意入微。"卷六三《题镜海扇上画兰》："论心别在无言外，同是湘南九畹人。"

[2] 《陶澍全集》卷五四《题唐镜海万卷书屋图》："结庐湘江隈，万卷森位置。坟典罗殽馔，京都供鼓吹。……松烟蕉雨中，坐拥百城归。想见宿楹间，日与古贤比。为富匪多文，妙筹荃蹄弃。"此诗约作于嘉庆十六年至道光元年。《陶澍全集》卷五六《题唐镜海老屋读书图即送其重官粤西》："唐君家传一枝笔，风雨纵横书满室。平生雅抱致君心，读破万卷不读律。……此行仍作粤江行，却载图书过湘麓。湘中垒垒多奇士……四海人推楚宝贤，难得君家名父子。"此诗约作于道光十一年。

澍谈到，畿辅水利不易实行[1]，似乎是针对《畿辅水利
备览》卷首《臆说》首二段关于古代沟洫田制就是水利
田的观点而发。此时，《畿辅水利备览》还未刊刻，但
以唐鉴与陶澍的关系，陶澍很可能先睹卷首《臆说》
的大部分内容。吴邦庆似阅读此书部分内容，道光四
年（1824），吴邦庆撰述《畿辅水利私议》，提出今日
讲求畿辅水利为因循非创举的观点，这似乎是针对唐
鉴的西北水利为创举的观点而发。道光十九年（1839）
十一月林则徐在广州上奏朝廷，请求发展畿辅水利，
但朝廷没有采纳。唐鉴对畿辅水利表示关心。道光
二十年（1840），唐鉴致信林则徐，向林则徐陈述发
展畿辅水利的必要和可能。道光二十年四五月间林则
徐在广州致信唐鉴，信中提到：“畿辅水田之请，本
欲奋掮亲操而未能如愿，闻已经作罢论矣，手教犹惓
惓及之，曷胜感服。”[2]道光二十一年（1841）秋季，当
林则徐还在河南黄河河工工地时，唐鉴写信给林则徐

---

[1]《覆王坦夫先生》，见《陶澍全集》卷四〇，道光二十年（1840）淮北
　　士民公刊，许乔林校刊。

[2]《林则徐全集》第七册《信札》第259《致唐鉴》，道光二十年四五月
　　间于广州，海峡文艺出版社，2002年。

并赠书两种，其中一种是《畿辅水利备览》。[1] 约道光二十一年，唐鉴向何桂珍陈述了编撰《畿辅水利备览》的旨趣，信中还提到"立夫于此事甚为明白，但避嫌不肯为越俎之举"。[2] 即指陆建瀛可能得到唐鉴的赠书。咸丰元年（1851）唐鉴献书给军机处[3]，咸丰三年又进书给朝廷，朝廷又转赠给直隶总督桂良[4]，当仍是唐鉴说的坊刻本。唐鉴文集《唐确慎公集》是在他去世后由嗣子唐尔藻、子婿贺瑗相继编辑，并于光绪元年（1875）刊刻的，其前有道光二十年秋七月善化贺熙龄写的《序》，《序》言："余嘉庆丁卯岁（嘉庆十二年）与镜海先生同举于乡，以文章相切磨。嗣先生官翰林。……余与先生交三十余年矣，不鄙浅陋，而命序其文。"这说明唐鉴在道光二十年七月之前曾自编文集，可能因《畿辅水利备览》已经单独刊刻，而不收录。光绪元年贺瑗刊刻《唐确慎公集》时，没有收录《畿辅水利备览》，原因是此书印板毁于太平军金陵大火，

[1] 《林则徐全集》第七册《信札》第397《致唐鉴》，道光二十二年六月间于西安。

[2] 《复丹溪编修书》，见《唐确慎公集》卷三。

[3] 《唐确慎公集》卷八《到京召见十一次纪恩四章》。

[4] 《清史稿》卷一二九《河渠志四·直省水利》。

贺瑗说："所著《畿辅水利备览》《省身日课》等书，行世已久，惜藏板俱付之金陵劫火中矣。未能覆刻，是有待于将来。"[1] 这也说明咸丰十一年（1861）唐鉴去世后，嗣子唐尔藻编辑其文集，但没有刊刻该书。光绪三年（1877），张先抡纂《善化县志·续艺文》只收录其《恭谢赏加二品衔回江南主讲书院疏》和《学案小识后序》，《善化县志·人物》说唐鉴"著书二百余卷，如……《畿辅水利》诸书，皆多心得之言"[2]。光绪十年（1884），黄彭年纂《畿辅通志·艺文略》有经史子集四目，四目外增方志一类，"凡直隶统部及府厅州县志书，无论是否畿辅人所撰，皆编存其目，取便考查"[3]。但查《畿辅通志·艺文略》，没有著录《畿辅水利备览》，或者是出于疏忽，或者是张先抡和黄彭年等，都没有看到《畿辅水利备览》原书。《中国丛书综录》、武作成《清史稿艺文志补编》等，也没有著录此书。要之，此书流传不广。

关于唐鉴向皇帝陈述《畿辅水利备览》的情况，

---

[1] 《唐确慎公集》贺熙龄《序》、贺瑗《题跋》。

[2] 张先抡：《善化县志》卷三二、卷二四，光绪三年刊本。

[3] 黄彭年：《畿辅通志·凡例》，光绪十年刊本。

文献记载有两次。一次是咸丰元年（1851）入京时，另一次是咸丰三年（1853）唐鉴由南京返回湖南宁乡时。第一次，曾国藩所撰写的唐鉴墓志铭以及光绪三年（1877）《善化县志》卷二十四《人物》都记载为：咸丰元年（1851）唐鉴赴京，召对十五次。唐鉴有两首诗记述了十五次召对的感受，其中《到京召见十一次纪恩四章》之一章曰："三十年前著一书，欲将水利补灾畲。藏之箧衍万千日，送入枢廷六月初。稼穑艰难关帝念，邦畿丰阜足民储。才非贾谊无长策，抵此区区敬吐摅。"[1] 所说水利书即《畿辅水利备览》，此次唐鉴不仅向咸丰帝陈述了他关于畿辅水利的想法，并把此书送给军机处。依《唐确慎公集》卷首《进〈畿辅水利备览〉疏》所言，"坊刻粗具，不敢进呈。谨交军机以备查采"，唐鉴并未把该书进献给咸丰皇帝。但是，李元度说："著《畿辅水利书》，召对时曾以进，诏嘉纳焉。"[2] 李元度可能把进给军机处扩大化为进给咸丰帝。

第二次，史载，"（咸丰）三年（1853），太常卿唐鉴进《畿辅水利备览》，命给直隶总督桂良阅看，并著于军

---

[1] 《唐确慎公集》卷八《到京召见十一次纪恩四章》。

[2] 李元度：《国朝先正事略》卷三一，四部备要本。

务告竣时，酌度情形妥办"[1]。此时，唐鉴正在江南，主讲金陵书院，"以贼犯湖南，急欲归展先茔。咸丰三年，乃自浙还湘，卜居于宁乡之善岭山"[2]。情况如此危急，唐鉴向咸丰进奏《畿辅水利备览》，说明他对此事的重视。

咸丰十一年（1861），唐鉴去世，"当永诀时，具遗摺，函寄两江总督曾国藩代奏"[3]。"其家函封遗疏，邮寄东流军中。国藩以闻。天子轸悼。予谥确慎。"[4] 那么"遗疏"指哪些遗疏呢？《唐确慎公集》卷首有《恭谢赏加二品衔回江南主讲书院疏》《请立民堡收恤难民疏》《畿辅水利备览疏》三篇奏疏。《唐确慎公集》卷八《到京召见十一次纪恩四章》有小注"献筑堡寨恤难民疏"，疑即《请立民堡收恤难民疏》；《恭谢赏加二品衔回江南主讲书院疏》也应是咸丰元年（1851）所作；从《进〈畿辅水利备览〉疏》的"坊刻粗具，不敢进呈。谨交军机以备查采"及《到京召见十一次纪恩四章》的"送入枢

---

[1] 《清史稿》卷一二九《河渠志四·直省水利》。

[2] 曾国藩《唐公墓志铭》和光绪《善化县志》卷二四均记为咸丰三年回湘，《清史稿·本传》记为咸丰二年回湘，此从曾国藩及《县志》所记。

[3] 张先抡：《善化县志》卷三二、卷二四，光绪三年刊本。

[4] 曾国藩：《太常寺卿谥确慎唐公墓志铭》，见缪荃荪：《续碑传集》卷一七，光绪十九年江苏书局校刊。

廷六月初"看，很可能是咸丰元年的奏稿。这三篇奏疏，可能就是他的"遗疏"，这表明唐鉴、曾国藩、唐尔藻、贺瑗等对这三篇奏疏的重视。唐鉴去世时又要曾国藩代为上奏遗疏，说明唐鉴对畿辅水利的重视。

总之，唐鉴自嘉庆十四年（1809）进士及第时酝酿畿辅水利思想，嘉庆十六年（1811）至道光元年完成《畿辅水利备览》。道光二十年、二十一年（1840、1841）向林则徐陈述畿辅水利主张并赠书，希望由他向朝廷请求主持此事，咸丰元年向皇帝进言关于畿辅水利的主张、进书给军机处，咸丰三年（1853）进书给朝廷，至咸丰十一年（1861）去世，由家属及曾国藩上奏"遗疏"（包括《进〈畿辅水利备览〉疏》），用心于《畿辅水利备览》前后约50年。那么这是一部什么样的书？为什么唐鉴如此重视这部书？这书有什么历史价值或历史意义呢？

2.《畿辅水利备览》的编纂体例特点和主要内容

《畿辅水利备览》共十四卷，卷首《臆说》，卷一至卷六《历代水利源流》，卷七至卷十《经河图考》，卷十一至十四《纬河图考》。今本卷五、卷六毁缺。

《畿辅水利备览》的体例特点有四。一是作者关于发展畿辅水利的主张在卷首叙出，题名为《臆说》，形似谦虚，但排于卷首，实则表达了他主张发展畿辅水利的坚决态度。道光二十年、二十一年（1840、1841）唐鉴两次向林则徐陈述发展畿辅水利主张，并赠书给林则徐。咸丰时，唐鉴两次向咸丰帝上奏建议发展畿辅水利，这种老而弥坚的态度，与他在书中表达的坚决态度，是一致的。这与后来潘锡恩《畿辅水利四案》和吴邦庆《畿辅河道水利丛书》中恭录圣谕的态度是不同的。在同时代或其后讲求畿辅水利者中，在这种坚决、坚持态度方面，只有林则徐可与之相比。

二是河道图多。卷七至卷十《经河图考》有经流图 18 幅，卷十一至十四《纬河图考》有各府州县河道图 152 幅，全书合计 160 幅水道图。这是元明清任何一部畿辅水利文献不可比拟的。唐鉴认为，河道图最能详细表明河道经由州县，是治水所需掌握的最主要事实。"治水之水，以图为重，按图以寻其脉络，就考以辨其异同，已握水利之要枢"。[1] 吴邦庆的《畿辅

---

[1] 唐鉴：《畿辅水利备览·许乔林〈序〉》，见马宁主编：《中国水利志丛刊》第 8 册，广陵书社，2006 年。

河道水利丛书》有畿辅河道总图一幅，雍正时水利营田图 37 幅，潘锡恩和林则徐著述都无图，而唐鉴《畿辅水利备览》水道图多达 160 幅，这是唐鉴著述的重要特点，也是其最大的优点。这是因为唐鉴更多地引用了馆本《水利图说》。

三是考证多。总考十三篇。唐鉴在《畿辅水利备览》卷七《经河图考》中说："图不能详，详之于考。惟言者今昔异同，故每考必择一二定论，以立为主条。其余互相证订，无论古书近说，皆低一字附焉。间或加以案语，则低二字列于后。至于众派支流，应随正河并著者，详载以备参考。"全书有总"考"十三篇，考证直隶正河源流，附以众派支流源流考，顶格书写，每考有一二条定论作为主条。然后引用古书近说，与主条互相订正，皆低一格。间或有案语，皆低二格。全书案语无数。从图多、考多来看，此书名为"畿辅水利图考"，更符合实际情况。

四是引证文献多，自著文字少。全书约 60 万字，卷一《臆说》有十三段论说性的文字，约万字，全书自著不超过五六万字，其他都是引用古今水利文献。以卷三《历代水利源流》为例，这一卷论述金元明时黄河河道变迁，有两段文字论证黄河变迁及治河难度，第一段是论证金代黄河趋南，禹迹不可复；第二段论证元明时河决难治。这两段考证文字，不超过 500 字，其余约 4.5 万字，都是引用正史《河渠志》等。粗略统计，全书引用多种水利文献，不下 30 种，如《史记·河渠书》《汉书·沟洫志》《唐书·地理志》《金史·河渠志》《元史·河渠志》《明史·河渠志》《水经注》《太平寰宇记》《大学衍义补》《潞水客谈》《邦畿水利集说》《畿辅通志》《畿辅安澜志》《水道提纲》《永定河志》《水利旧说》《水经注释》《禹贡锥指》《读史方舆纪要》，乾隆《初次水利案》和《二次水利案》，馆本《水利图说》，引用畿辅各州县志不下 20 种。唐鉴、潘锡恩、吴邦庆、林则徐的畿辅水利著述，都征引水利文献，只有唐鉴征引文献最多，故此书名为《畿辅水利备览》，还是比较符合其实际内容的。

唐鉴在《畿辅水利备览》中提出发展畿辅水利的主张，讨论畿辅河道源流、农田水利变迁。卷首《臆说》专门论述其发展畿辅水利的主张。唐鉴论证了发展畿辅水利的必要性。他说，自永嘉之乱，中原生齿，随晋室向东南转移，民聚而利兴，经南唐、南宋，东南财赋甲天下。元明以来，天下皆仰给于东南，而西北日益贫乏。"国家宅都燕京，左带渤海，右襟太行，背居庸而面河洛，可谓形势之极盛矣。惟是正赋之供，全赖东南漕运。虽运道便利，略无阻隔，而使西北有绌无赢，亦不得谓非今日之急务也"。因此，他按图折算直隶、山东、山西、河南、陕西、甘肃六省，除去山陵、林麓、川泽、沟渎、城郭、宫室、沙沟、石田等，约有田1080万顷。以20取1计之，每亩征粮5升，每顷征赋粮5石。千万顷应征赋粮5000万石，其中二分征本色，岁可征粮1000万石；八分征折色，每石折银四钱，折色应有银1600万两。"西北六省岁得粮一千万石，银一千六百万两，又何必仰给东南乎？夫西北不仰给东南，则东南之漕可酌改为折色，而每岁漕运经费亦可裁撤，约得银不下数千万两，已于现在常额之外，粮多至千万石，银多至千万两，纵有事出不可知，如偶遇河患，以及饥馑之事，而筹备有余，司农亦何至仰屋哉！"故当今生财之大道，莫过于发展西北水利田；而且西北水利尽兴，东南漕运可止，则舍运而治河，河可复禹迹。

唐鉴还提出了关于发展畿辅水利方法的意见。针对南北水土异宜、北方不宜水田的观点，指出："土无不生五谷，水无不利田畴，而或语桑干、滹沱、浊漳、清河挟沙而行，不利灌溉者，此不知水之田也。……水无清浊，得其灌溉则田畴可治也。"泥沙多的河流，可以进行淤灌。他又分析直隶水田填淤漂没的原因，直隶的霸州、永清、东安、武清、静海、天津、文安、大城等处，取水甚便，引水甚易，发展水田，旦夕有效，但不久就填淤漂没，"非疏浚之不力，不杀其势于上流，而下流受其冲激故也"。他主张：下游多施围田，"上流多开引河，通为沟渠，汇为川浍，则其势杀矣。……则取之引之，必无冲突之患矣"。北方不仅要引径流、通沟渠，还应配合掘井。气候干旱，河川枯竭，"掘井之一法，可以通江河渠浍之源，而补雨泽之缺，……虽有沟渠，何妨参以井法，盖旱则可以救沟渠之所不及，不旱正可以为沟渠留有余地也"。针对北方以旱地作物为主的播种习惯，他主张发展水稻生产，说："今西北之地一岁二收，以高粱为重，黍、稷、菽、麦次之，若所谓稻田者，百不得一也。……若水利兴矣，何不为稻田耶！高粱易涝易旱，而收又薄，以种高粱之地种稻,其利数倍于高粱。"[1]

唐鉴《畿辅水利备览》卷一至卷三,题名为《历代水利源流》,初看题目,以为是讲述畿辅河道源流的,但实际上是论述历代黄河河道变迁的。关于河道变迁,他有几个说法:"西汉时之河,犹是周定王五年东徙漯川之河也。""东汉之治河者王景一人而已,景有功亦有过。""《唐史》不志河渠,而河则王景之旧也。"[2]"河屡决不已,唯宋治河无人,亦唯宋河决为患,而故道可复。唯宋治河无人,而河遂大坏,终古不复故道,亦唯宋。"[3]"河离浚、滑益趋而南,禹迹不可复追矣。当金大定年间,令沿河京府州县长贰官并带河防衔。""古者因河以达贡,河治而贡通矣。后世强河以就运,运治而河废矣。"治河不过治运。禹功不可复,非独其无人,亦时势所阻。"故与其为高远之空谈,不若求切近之实效。言河防如潘季驯,谈水利

---

[1] 唐鉴:《畿辅水利备览·臆说》,见马宁主编:《中国水利志丛刊》第8册,广陵书社,2006年。

[2] 唐鉴:《畿辅水利备览》卷一《历代水利源流》,见马宁主编:《中国水利志丛刊》第8册,广陵书社,2006年。

[3] 唐鉴:《畿辅水利备览》卷二《历代水利源流》,见马宁主编:《中国水利志丛刊》第8册,广陵书社,2006年。

如徐贞明,亦一代之大经纬也,又岂多讲哉!"[1] 黄河,自周定王五年（前602）河决,至西汉时,大体上保持安流。自东汉至唐,河道变化无多。自宋河道屡决屡不治,至元明,由于强河就运,运治而河废。唐鉴的认识,基本上符合黄河河道变迁的历史。

《畿辅水利备览》卷四《历代水利源流》,论述历代特别是明清畿辅各河水利灌溉的历史,如雍正时畿辅四局水利、桑干河水利、唐河水利、沙河水利、滹沱河水利、卫河水利、洋河水利、浑河水利、榆河水利、白河水利、涞水水利、易水水利、府河水利、清河水利、大陆泽水利、滏阳河水利、陡河沙河水利。[2] 这应该是清代第一部各流域水利史。卷七至卷十《经河图考》,有图有文,考证畿辅大小河流的水道曲折、河道变迁等。卷十一至卷十四《纬河图考》,分别是顺天、保定、河间、天津、正定、顺德、广平、大名、宣化九个府县水道图考,还有易州、冀州、赵州、深州、定州五

---

[1] 唐鉴:《畿辅水利备览》卷二《历代水利源流》,见马宁主编:《中国水利志丛刊》第8册,广陵书社,2006年。

[2] 唐鉴:《畿辅水利备览》卷四《历代水利源流》,见马宁主编:《中国水利志丛刊》第8册,广陵书社,2006年。

州水道考，其中唐鉴对天津水道有较多的研究。

唐鉴著《畿辅水利备览》，其主要目的是发展畿辅水利，但有三卷论述历代黄河河道变迁，有八卷论述畿辅各府州县水道考，似乎离主题太远。对此，他承认"《备览》中《源流》等篇，是追其源头，不能不备载也；《臆说》则切今日言之"[1]。算是有对自己的著述有一个清醒的认识。道光十九年（1839），江苏海州许乔林对《畿辅水利备览》评价很高："言畿辅水利者，自何承矩、虞伯生以来，莫切于徐尚宝《潞水客谈》，莫近于潘侍郎《水利四案》。其兼有两家之长，可以坐而言，起而行，且行之而立效者，莫如镜海先生所著之《畿辅水利备览》。"[2]徐尚宝，指徐贞明。潘侍郎，指潘锡恩。这是对唐鉴著述兼有徐、潘两家之长的称许。

3.《畿辅水利备览》的撰述旨趣

唐鉴除了在《畿辅水利备览·臆说》中论证发展

---

[1]《唐确慎公集》卷三《复何丹溪编修书》。

[2] 唐鉴：《畿辅水利备览·许乔林〈序〉》，见马宁主编：《中国水利志丛刊》第8册，广陵书社，2006年。

畿辅水利的必要和可能外，还多次谈到他编写《畿辅水利备览》的宗旨。这里只看他道光二十一年（1841）致何桂珍信、咸丰元年（1851）的《进〈畿辅水利备览〉疏》，就可以了解他的撰述宗旨。

唐鉴在致何桂珍信中叙述了写作《畿辅水利备览》的主旨：

> 《水利备览》为营田而作也。利即所谓农田也，下手则见地开田而已，切不可在河工上讲治法，何也？直隶之河无不治也，桑干、滹沱虽稍大，其来势平，其涨易下，即遇大涨，稍疏之，不数日，已散归于淀矣，不足患也。九十九淀，现已填淤及一半，疏其未填淤者，而垦其填淤并及旁地，利莫大于此也。惟北农不谙种稻法，若果欲行，则当先募湖南、北，江西等处农民若干人，相地开垦，以为之倡。先一年给以工本，次年即有出息，三年以后所出可溢于本，无须筹资矣。所开之田，或即给开田之人以收官租，或另有办法，是可因时制宜也。所难者，非得一明晓农务之总管以经纬之，恐见之不真，筹之不备，守之不坚，任之

不力，举之不当，如道光初年之程工部，则大谬
不然矣。立夫于此事甚为明白，但避嫌不肯为越
俎之举耳。《备览》中《源流》等篇，是追其源头，
不能不备载也；《臆说》则切今日言之。[1]

此信述及《畿辅水利备览》的写作宗旨，是"为营田而
作也。利即所谓农田也，下手则见地开田而已，切不可
在河工上讲治法"，即只开垦直隶水田，不讲究河道问
题，并论述了如何开展畿辅水利营田的具体方法和步骤。

这里，还要弄清几个问题。

其一，这封复何桂珍信作于何时？"何桂珍，字
丹畦，云南师宗人。道光十八年（1838）进士，选庶
吉士，年甫冠，乞假归娶。散馆授编修，督贵州学
政。……桂珍乡试出倭仁门，与唐鉴、曾国藩为师友，
学以宋儒为宗。"[2]则庶吉士三年后，散馆为翰林院编
修，当在道光二十一年（1841）左右。唐鉴的信，即
作于道光二十一年左右。其二，信中提到"立夫于此
事最为明白"，立夫是谁？陆建瀛，字立夫，湖北沔

[1] 《唐确慎公集》卷三《复何丹溪编修书》。
[2] 《清史稿》卷四〇〇《何桂珍传》。

33

阳人。道光二年（1822）进士，二十年（1840），出为直隶天津道，累擢布政使。[1]唐鉴意谓陆建瀛最明白直隶水利，但陆建瀛为布政使而非巡抚，不能超越职掌。由此可以推测，此前唐鉴有可能和陆建瀛讨论过畿辅水利，并试图动员陆建瀛推行畿辅水利，但陆没有接受其建议。其三，信中还批评了"道光初年程工部"举行直隶水利不力，所说"程工部"即程含章，是道光四年（1824）办理直隶水利的官员。

唐鉴为什么批评程含章？这是因为在兴办直隶水利的方法途径上，唐鉴与程含章看法不同。唐鉴主张办理直隶水利，只应"见地开田，切不可在河工上讲治法"。而道光三、四年（1823、1824）程含章奉命办理直隶水利事务，恰恰着重于治理直隶河道，先去水害，再兴水利。史载：道光四年，"御史陈沄疏陈畿辅水利，请分别缓急修理。……帝命江西巡抚程含章署工部侍郎，办理直隶水利，会同蒋攸铦履勘。含章请先理大纲，兴办大工九。如疏天津海口，浚东西淀、大清河，及相度永定河下口，疏子牙河积水，复南运

---

[1]《清史稿》卷三九七《陆建瀛传》。

河旧制，估修北运河，培筑千里长堤，先行择办。此外如三叉、黑龙港、宣惠、滹沱各旧河，沙、洋、洺、滋、浃、唐、龙凤、龙泉、潴龙、牤牛等河，及文安、大城、安州、新安等堤工，分年次第办理。又言勘定应浚各河道，塌河淀承六减河，下达七里海，应挑宽曾口河以泄北运、大清、永定、子牙四河之水入淀。再挑西堤引河，添建草坝，泄淀水入七里海，挑邢家坨，泄七里海水入蓟运河，达北塘入海。至东淀、西淀为全省潴水要区，十二连桥为南北通途，亦应择要修治。均如所请行"[1]。这就是说，程含章办直隶水利，重点在治河，而不在修水田，即主张"水利且可缓图，水患则不可一日不去"[2]。其实，大约在嘉庆二十年（1815）至道光二年（1822）时，程含章就认为由于天时、地利、土俗、人情、牛种、器具异宜，北方不可兴办水田，说：雍正时"分设四局，经营三年，用银数百万两，开田七千顷。……曾不数年而荒废殆尽，……毋亦天时、地利、土俗、人情与夫牛种、器具之实有未便者乎？"即北方春夏干旱少雨，而这正是水稻的插秧时

---

[1] 《清史稿》卷一二九《河渠志四·直省水利》

[2] 《清史稿》卷一二九《河渠志四·直省水利》。

节；北方土性浮松，遇夏季暴雨，河水泥沙多，挑浚不便；北方人不食稻，亦不愿学种稻，水稻种植辛苦，收获不多，劳力不足等；北方无水牛和种稻农具，购买的南方水牛易于致病，请南方人制造农具也多有不便。因此程含章不同意"北省兴修水利以资灌溉，则南漕可以量减之说"[1]。这些意见，当然与唐鉴的主张相左，故受到唐鉴的批评。所以，唐鉴主张必得"一明晓农务之总管以经纬之"，才能对畿辅水利有真见、筹备、坚持、任力、举当。事实上，平原地区消除水患，应该是第一位的。否则地表积水多，会造成涝灾，地下积水多，易成渍灾。地下水位被人为地维持过高，则利于盐分聚积，易成碱灾。唐鉴只是想简单地发展水稻种植，不考虑北方其他情况，而程含章则是综合地考虑排水和水利。

咸丰元年，唐鉴《进〈畿辅水利备览〉疏》更明确地表达了他的著述宗旨：

奏为畿辅水利久废不举，现在经费不足，生

---

[1] 程含章：《覆黎河帅论北方水利书》，见贺长龄、魏源：《清经世文编》卷一〇八《工政十四·直隶水利》，中华书局影印本，1992。

财之道莫此为善。谨略陈举行大概，仰祈圣鉴事。
窃惟民食以稻为重，稻田以水为原。南方之财赋，
稻田为之也，水利之最著者也。直隶地方，经河
十八，纬河无数，又有东淀、西淀、南泊、北泊，
渐次填淤，衍为沃壤者，随处皆有。若使引河淀
诸水，洒为沟洫，荡为塘渠，则水之利，不异于
东南矣。而农民安守故常，止知高粱、小米以及
麦菽数种。此数种者，是皆喜燥而恶湿，畏水而
不敢近水。凡近水者，皆徙而避之。至使沃土废
而不垦，是以有用之水而置之无用之地，而且须
用有人力以曲防其害，则不善用水之过也。是以
雍正四年有怡贤亲王与大学士朱轼查办畿辅农田
水利之举，办至七年，得稻田六十余万亩。厥后，
总理不得其人，责成各州县各自办理，有岁终功
过考核，而历年久远，堕坏难稽矣。臣自通籍以来，
往来南北，留心此事，稽古诹今，著有《畿辅水利》
一书，刻成十二本。因坊本粗具，不敢进呈。谨
交军机以备查采。至举行事宜，求皇上于部院大
臣中择其人之谙于农田水利者，钦派一二员为之
总理。其经费不过举行之年，约需一二十万，次

年则已成之田，已有收获。年复一年，利益加利，
兴功数载，美利万世。生财之道，莫大于是矣。
臣愚昧所及，是否有当，伏乞皇上训示。谨奏。[1]

唐鉴的主要观点如下。第一，水稻在人民生活中占重
要地位，南方为国家财赋渊薮，就是因为南方善于利
用水田，所谓"民食以稻为重，稻田以水为原。南方
之财赋，稻田为之也，水利之最著者也"；北方土地
利用程度不高，就是因为不善利用水利，反而要利
用人力去除水害，所谓"直隶地方……农民……止知
高粱、小米以及麦菽数种……皆喜燥而恶湿，畏水而
不敢近水。凡近水者，皆徙而避之。至使沃土废而不
垦，是以有用之水而置之无用之地，而且须用有人力
以曲防其害，则不善用水之过也"。第二，雍正四年
（1726）由怡贤亲王允祥与大学士朱轼主持的畿辅农
田水利，一度取得成功，只是后来人去政亡。第三，
道、咸时直隶河淀渐次淀淤，衍为沃壤，应该疏其未
填淤者，而垦其填淤并及旁地，"使引河淀诸水，洒

---

[1] 《唐确慎公集》卷首《进畿辅水利备览疏》，光绪元年刻本。

为沟洫，荡为塘渠，则水之利，不异于东南矣"。

这里，唐鉴提出"民食以稻为重"的观点，不太准确。冯桂芬说："京仓支用，以甲米为大宗，官俸特十之一耳。八旗兵丁，不惯食米，往往由牛录章京领米易钱，折给兵丁买杂粮充食。每石京钱若干千，合钱一两有奇，相沿既久，习而安之。……惟官俸亦然，三品以上多亲领，其余领票，辄卖给米铺，石亦一两有奇。赴仓亲领者，百不得一。"[1]即南漕到京通二仓后，因八旗兵丁不惯食米，往往以米换钱，以钱买杂粮；官员俸米，也卖给米铺。其价格大约是一石米值银一两，但是漕运南粮一石的费用达18两银[2]。这使江南官员学者深感不满。每年400万石漕粮入京通二仓，极大地加重了东南粮户的负担。北方农业经济不发达，不仅有水的因素，还有气温日照等多种因素。唐鉴对于嘉、道、咸时直隶河淀淤塞及气候干旱少雨的判断是否正确，还有待于更多的资料证实。不过，如照他的观点，直隶确实干旱少雨，河淀淤塞，那又怎么发展农田水利及种植水稻呢？但是，无论怎样，唐鉴提

---

[1] 冯桂芬:《校邠庐抗议·折南漕议》。

[2] 冯桂芬:《校邠庐抗议·折南漕议》。

出了水利在南方和北方经济发展中的不同地位，南北经济的不平衡发展，以及在北方某些宜稻地区发展水稻生产的观点，则是有历史根据的，也是值得重视的。

4.《畿辅水利备览》的历史地位

唐鉴为什么关心畿辅水利？这有多种原因。其一，自元代以来，江南官员学者，不满于江南赋重漕重，而提倡发展以畿辅水利为开端的西北水利，就近解决京师及北边的粮食供应，从而缓解京师对江南漕粮的压力。这种思想潮流，自元代开始产生，延及明朝，清朝尤其盛行。唐鉴正处于持续近 700 年的历史思想潮流中。关于元明清时期江南官员学者的西北水利思想，作者另有专著论述，此不赘述。

其二，唐鉴个人的学术旨趣和任职经历使他关心江南民生利病，从而关心畿辅水利。唐鉴是湖南善化人，湖南是有漕省份之一。他嘉庆十四年（1809）中进士，有近十年的时间在京师任文职。道光元年（1821）开始任广西平乐府[1]、安徽宁池太广道、江安粮道、山

---

[1] 《陶文毅公全集》卷四五《唐仲冕墓志铭》，淮北士公刊本。

西按察使、贵州按察使、浙江布政使、江宁布政使，膺屏藩之任，退休后又在南京讲学，往来南北，熟悉南北由于水利、土地利用不平衡，而导致的粮食生产不平衡的社会问题。关于唐鉴的学术旨趣，约嘉庆十六年（1811）至道光元年（1821），陶澍诗云："为富匪多文，妙筹荃蹄弃"；[1] 约道光十一年（1831），陶澍诗云："唐君家传一枝笔，风雨纵横书满室。平生雅抱致君心，读破万卷不读律。"[2] 诗中所云"妙筹""致君心"，就是具有经世济用之学。在嘉庆道光时，经世之学，无非就是国计民生，即河、漕（含海运）、盐、西北华北（畿辅）水利等。而他曾担任江安粮道，更使他深知漕运利弊。道光十三年（1833）十月，唐鉴补授安徽宁池太广道员，"巡查六府州仓库钱粮之责，兼管关务"；道光十四年（1834）二月二十四日，两江总督陶澍、漕运总督恩铭、江苏巡抚林则徐、安徽巡抚邓廷桢，合衔保举唐鉴为江安粮道，"管理十府粮储，统辖两省军卫，凡一切催征赋课，支放钱粮，以及约束官丁，督催盘造，政务殷繁，责任期重"，江安粮道还要督运

---

[1] 《陶文毅公全集》卷五四《题唐镜海万卷书屋图》。

[2] 《陶文毅公全集》卷五六《题唐镜海老屋读书图即送其重官粤西》。

漕粮,"于地方漕务情形,夙切讲求,深知利弊"[1]。江苏有三粮道,即江南粮道、苏松粮道、江安粮道,是巡抚以下重要的督漕官员。林则徐《林则徐全集·日记》道光十四年(1834)十一月,有几十条催漕船只的记载。道光十四、十五年十二月,十府粮道唐鉴督运漕粮到京的工作,也受到林则徐的支持和关注[2]。唐鉴由深感漕运艰难,转而产生发展畿辅水利、使京师就近解决粮食供应的思想主张。他后来的督粮任职,使他更坚定了发展畿辅水利思想。

其三,唐鉴身处嘉庆、道光时讲求海运和畿辅水利潮流中。嘉庆、道光时,运河不畅;咸丰年间,太平军占领江南,南粮阻梗,购自重洋而运远,运自口外而接济不多,采买元银,收掉无应。以上这些因素,都使京师粮食供应不足。在京师宣南士大夫中,兴起了讨论海运和畿辅水利的思想潮流,产生了多部有关畿辅水利的著作。安徽泾县人包世臣,三次在著述中提出畿辅水利主张,嘉庆十四年(1809)《海淀答问己巳》、嘉庆二十五年(1820)《庚辰杂著嘉庆二十五年

---

[1] 《林则徐集·奏稿上》,第 163 页。

[2] 《林则徐集·日记》,第 155 页、214 页。

都下作》、道光十五年（1835）《畿辅开屯以济漕弊议乙未》中，都提出畿辅水利主张[1]；林则徐，大约于嘉庆二十四年（1819）后酝酿发展畿辅水利的思想，于道光十一或十二年（1832）完成《北直水利书》初稿，后来一直有修改。道光十二年林则徐任江苏巡抚，召冯桂芬"入署，校《北直水利书》"[2]；道光十五年（1835）十二月，请桂超万校刊《北直水利书》[3]并改名为《畿辅水利书》[4]。道光三年（1823）潘锡恩编成《畿辅水利四案》，四年（1824）吴邦庆《畿辅河道水利丛书》成书，五年（1825）蒋时进《畿辅水利志》百卷[5]。道光十五年（1835），林则徐又把潘锡恩《畿辅水利四案》和吴邦庆《畿辅河道水利丛书》，借给桂超万阅读[6]，林则徐当阅读过此二书。唐鉴身处嘉庆、道光时讲求海运和畿

---

[1]《包世臣集》，安徽黄山出版社，1995 年。

[2] 冯桂芬：《显志堂集》卷一二《跋林文忠公河儒雪螺图》。

[3]《林则徐集·日记》，中华书局，1962 年，第 214 页。

[4] 桂超万：《上林少穆制军论营田疏》，见《皇朝经世文编续编》卷三九《户政十一·屯垦》。

[5]《清史稿》卷一二九《河渠志四》。

[6] 桂超万：《上林少穆制军论营田疏》，见《皇朝经世文编续编》卷三九《户政十一·屯垦》。

辅水利的潮流中，自然关心畿辅水利。

唐鉴撰述《畿辅水利备览》后，当然希望有人能来主持此事。但道光初年，程含章主持畿辅水利的工作，只注重疏浚河道，未在农田水利上下功夫，这自然使讲求畿辅水利者不满意。道光二十年（1840），陆建瀛出为直隶天津道，累擢布政使。[1]唐鉴可能曾经希望陆建瀛来主持畿辅水利，但陆建瀛不肯越俎代庖。[2]因此，他又把目光转向他的老上级林则徐。道光十九年（1839）十一月二十九日林则徐在广州钦差大臣任内上疏，请求发展畿辅水利。道光二十年（1840），唐鉴致信林则徐，向林则徐陈述发展畿辅水利的必要和可能。道光二十年（1840）四五月间林则徐在广州致信唐鉴，信中道："畿辅水田之请，本欲奋捐亲操，而未能如愿，闻已作罢论矣，手教犹惓惓及之，曷胜感服。"[3]道光二十一年（1841）秋季，当林则徐还在河南黄河河工工地时，唐鉴写信给林则徐并赠

---

[1]《清史稿》卷三九七《陆建瀛传》。

[2]《唐确慎公集》卷三《复何丹溪编修书》。

[3]《林则徐全集》第七册《信札》第259《致唐鉴》，道光二十年四五月间于广州，海峡文艺出版社，2002年。

书两种，其中一种是《畿辅水利备览》。次年夏季，林则徐在荷戈西行伊犁途中，在西安，给唐鉴复信："去岁九秋，在河干得执事手书，并惠大著两种。……所辑《水利书》援据赅洽，源流贯彻。……老前辈大人撰著成书，能以坐言者起行，自朝廷以逮闾井，并受其福。岂非百世之利哉！"高度评价《畿辅水利备览》。林则徐表示："侍于此事积思延访，颇有年所，而未能见诸施行，窃引为愧。"[1] 但是，唐鉴并没有放弃有"明晓农务之总管以经纬之"的愿望。咸丰元年（1851）太平军起事后，一路北上，咸丰三年（1853）太平军占领南京时，江南有漕省份都被太平天国占领，京师粮食供应困难。此时，唐鉴更坚定了他发展畿辅水利的主张，于是他于咸丰元年、三年两次向朝廷建议发展畿辅水利，并献书给朝廷。

唐鉴《畿辅水利备览》及其思想主张，不见当时有关于其实现的记载，这与清代许多主张畿辅水利官员学者的思想学说的结果是一样的。这有多种原因，既有现实因素、社会政治因素，也有自然条件因素。现实因素，是当时战争颇多，直隶总督无暇顾及此事。

---

[1] 《林则徐全集》第七册《信札》第397《致唐鉴》，道光二十二年六月间于西安。

社会政治因素，是指元明清江南官员学者倡议畿辅农田水利的主要目的是减轻江南漕运压力，随着招商海运、改折减赋、漕粮折征银两，以及东北农业的发展、粮食贸易的活跃，京师无须依赖漕粮，因此发展畿辅农田水利的根本目标不存，也就不存在发展畿辅农田水利的迫切性了。自然条件因素是，由于清后期气候日渐干旱，地表水资源缺乏，为了缓解旱情，直隶等北方各省兴起凿井热潮，而且畿辅多数地区雨热季节与水稻生产不相适应，发展畿辅水稻生产的基本条件受到限制。

嘉庆、道光年间产生了多种畿辅水利专著及其他论著。这些作者中，《三十种清代纪传综合引得》不见有蒋时的记录，吴邦庆是顺天霸州人，包世臣、潘锡恩都是安徽泾县人，林则徐是福建闽侯人，唐鉴是湖南善化人。如果前面对唐鉴著书时间的考证不错的话，那么唐鉴的《畿辅水利备览》是第一部，应当具有引导嘉庆道光时倡议畿辅水利风气的作用。

那么这种思想主张，在今天有什么意义？首先，有助于了解清代江南籍官员关于畿辅水利的思想历程。元明清时，有许多江南籍官员著书立说，提倡西北水利，这给我们留下许多思想资料。唐鉴《畿辅水利备览》就是清代道光元年出现的一部著作，较早于同时代其他学者的同类著作。其次，他提出了一些有益的见解，如北方某些地区只知种植旱地作物，致使"沃土废而不垦，是以有用之水而置之无用之地，而且须有人力以曲防其害，则不善用水之过也"。最后，有助于了解唐鉴本人的思想主张。唐鉴在其身后，之所以受到学者的重视，主要是因为其理学著作如《国朝学案小识》，以及他关于组织保甲团练等的思想，这不利于全面地认识历史人物。迄今为止，仍然没有看到对唐鉴畿辅农田水利思想的研究，足见至今人们还没有认识到唐鉴畿辅水利思想主张的历史地位和价值。

此外，《唐确慎公集》卷二《区田种法序》，卷五《劝民开塘治田示附开塘四法治田四法》，都是他为地方官时，为推广区田、水田等农政而作，对于扩大南方山区的水田、增加旱田的收成，都是有益的。

二、潘锡恩《畿辅水利四案》

潘锡恩（？至同治六年，？—1867），字芸阁，安徽泾县人。嘉庆十六年（1811）进士，一直在京师任职。道光六年至九年（1826—1829），授南河副总督。其后在京师任职，历任左副都御史、顺天学政、兵部和吏部侍郎。道光二十三年至二十八年（1843—1848），任南河河道总督兼漕运总督。咸丰中，在籍治捐输团练。同治三年（1864），赴庐州会办劝捐守御事。[1] 潘锡恩对漕运和河工有较大的贡献，以河臣著称，《安徽通志》说他"尤究心水利"，缪荃孙《续碑传集》以其入

[1] 《清史稿》卷三八三《潘锡恩传》。

《河臣传》。[1] 他编辑《乾坤正气集》574卷；[2] 道光三年（1823）潘锡恩编成《畿辅水利四案》；道光十一年（1831），由前任南河总督黎世序和南河副总督潘锡恩主持、俞正燮等编辑的《续行水金鉴》成书。这三种著述中有两种是水利史文献汇编。《续行水金鉴》是接续《行水金鉴》的，选择自雍正元年（1723）至嘉庆二十五年（1829）间，有关黄、淮、汉、江、济、运、永定各河的水利文献，按原委、章牍、工程分类相从，并在各篇中编入农田水利的内容。这本书受到水利史学界的重视。而《畿辅水利四案》汇集了雍正、乾隆两朝国家大规模兴举直隶水利的专题档案。这部书不仅是我们了解雍正、乾隆年间的畿辅水利的专题历史文献，而且编者潘锡恩还提出了一些有价值的思想认识，对于今日华北经济与社会的可持续发展，仍有借鉴意义。

---

[1]　缪荃孙：《续碑传集》卷三三《河臣·潘锡恩》引《安徽通志》，光绪十九年江苏书局刻本。

[2]　《清史稿》卷一四八《艺文志四·总集类》。

《畿辅水利四案》道光三年刻本，北京师范大学图书馆藏书

1.《畿辅水利四案》的体例与成书原因

《畿辅水利四案》是关于雍正、乾隆两朝直隶水利的专题档案的汇编，末尾又有编者的按语。是编者选取雍正、乾隆实录中有关兴修直隶水利的皇帝谕旨和大臣章奏而成的专题档案汇编，包括《初案》《二案》《三案》《四案》，以及《案补》《附录》六部分。《初案》汇集雍正三年至八年（1725—1730）怡贤亲王允祥举行直隶

水利的有关档案。主要有雍正的谕旨、朱批，允祥、宣兆熊、何国宗、舒喜等的奏疏，末尾附《通志四局营田亩数》。《二案》汇集乾隆四年至五年（1739—1740）天津道巡漕给事马宏琦、直隶总督孙嘉淦、天津道陈宏谋关于天津水利的奏疏及相关的谕旨。《三案》汇集了乾隆九年至十二年（1744—1747）山西监察御史柴潮生、大学士鄂尔泰、吏部尚书刘于义、两任直隶总督高斌和那苏图关于直隶水利的奏疏、乾隆的谕旨等。《四案》汇集乾隆二十七年至二十九年（1762—1764）的档案，包括直隶总督方观承、布政使观音保、工部左侍郎范时纪、山东道监察御史汤世昌、吏部尚书史贻直、协办大学士兆惠、江西道御史兴柱、浙江道御史顾光旭、山西道御史永安、刑科给事中温如玉、尚书阿桂、侍郎裘日修、大学士傅恒的奏疏，并且附有河南巡抚胡宝泉《开田沟路沟折》，方观承《直隶护田门夫章程折》《勘海口消积水案》《筹办源泉案》等。《畿辅水利四案补》内容简单，包括乾隆四年天津道陈宏谋《南运河修防条议》和《请修海河叠道议》，乾隆二十八年（1763）阿桂等《会勘河渠折》三份章奏。《附录》包括三类文献。一是乾隆二年（1737）、二十五年

（1760）、三十七年（1772）关于兴修北方水利的圣谕。二是陈仪、戈涛、沈联芳、沈梦兰关于畿辅水利的章奏论说共九篇，如沈联芳的《邦畿水利集说总论》、沈梦兰的《五省沟洫图则四说》。三是从《清会典》《畿辅安澜志》摘录的筑浚事宜、量河法、物料工价、埽工、草坝、石坝等的技术资料等。《附录》末尾是潘锡恩的按语。

潘锡恩编辑《畿辅水利四案》多采集档案而来。有些档案没有查到，他就注明。如《畿辅水利三案》内，直隶总督那苏图乾隆十一年（1746）关于盐山、庆云二县穿井给牛种树各事宜的奏疏，他注明："原奏检查未得，阙以俟补。"乾隆十二年（1747）四月上谕要求军机大臣与高斌、刘于义详查当时直隶水利成效及善后措施，他注明："因高斌奉差南河，议稿驰寄会商。未识何时覆奏，遍查不获，缺以俟补。"这表示了他对文献的求真求实态度。

潘锡恩为什么关心畿辅水利？他自述：

> 北方水利之议，自宋何承矩倡之，元郭守敬、虞集益推广之，明徐贞明、汪应蛟皆试之有效，而行不获久，论者惜之。然率出自一二荩臣拳拳谋国为长计远虑，其君概视为无足重轻，未有若我朝列

圣，勤恤民艰，永图利赖，如是之专且挚者也。

论者谓雍正间肇兴此举，其时利多于害；乾隆间则利害参半；至今日而兴利之举，不胜其除害之思矣。夫五方风气各殊，北土类多高燥。曩者，十年之中，忧旱者居其三四，患涝者偶然耳。自嘉庆六年以来，约计十年之中，涝者无虑三四。以天时言之，所亟宜兴举者，一已。

永定、子牙长堤虽格，而东淀之传送已淤；南运、北运减坝日高，而三岔之汇流不畅。往者，河通淀廓，今通者塞而廓者隘，一经霖潦，则旁冲上溢，决岸颓堤，及今不治，沦胥可虑。以地势言之，所亟宜兴举者，二已。

比虽多雨，未为霪霖，已成积涝。永定既多决口，东淀至天津汇为巨浸，田庐之漂没已甚，民生之辛苦可知。蠲赈固非常恃之方，蓄积亦无久继之理。饥者易为食，渴者易为饮。于荡析离居之后，为之奠室家谋干止、去昏垫。即安便，或有兴修，其孰不鼓舞欢欣赴功趋事？以民情言之，所亟宜兴举者，三已。……

锡（恩）承乏史馆，伏读列圣实录、先臣章疏，仰见讦谟宏远擘画精详，谨缮录以备省览。……睹是编者，其亦晓然于直隶水皆有用之水，土皆可耕之田，成案具存，率循有自，随时通变，因地制宜，以一省之河淀，容一省之水，而水无弗容；以一省之人民，治一省之河淀，而河淀无弗治。目前以除害为急，害除而利自可以徐兴；异时之兴利可期，利兴而害且可以永去，其于畿辅民生未必无小补云。[1]

潘锡恩关心畿辅水利，有多种原因。其一，潘锡恩继承元明时提倡西北水利者的志愿。自元代以来，江南官员学者，不满于江南赋重漕重，而提倡发展以畿辅水利为开端的西北水利，就近解决京师及北边的粮食供应，从而缓解京师对江南漕粮的压力。这种思想潮流，延续到清代。潘锡恩正处于这一思想潮流中。他继承了元明以来虞集、徐贞明、汪应蛟等提倡并实验有效的西北水利的思想，为他们感到惋惜。他认为，元明时，只是个别臣子极力提倡西北水利，"拳拳谋国为长计远虑"，当时"其君概视为无足重轻"，清朝

---

[1] 潘锡恩：《畿辅水利四案·附录》，道光三年刻本。

则列圣勤恤民艰，特别是雍正、乾隆时大规模兴修直隶水利，表明国家对畿辅水利的高度重视，只有时君重视才可以继续兴修畿辅水利，有补于国计民生。元明清国家京师粮食供应依赖东南，造成的诸多经济和社会问题，是江南籍官员面临的主要大政问题，是需要给予解决方案的。恢复海运、减少南漕和发展畿辅水利，正是他们给予这个问题的解决方案。

其二，潘锡恩身处道光三、四、五年讲求实行海运和发展畿辅水利的思潮中。潘锡恩在京师为官期间，居于宣武门外下斜街[1]。清代的宣南，不仅是汉族官员在京师的聚居地，而且是各种政论和思潮产生的地方。宣南士大夫经常就一些国家大政问题发表意见，互相讨论，引领学术潮流。嘉庆、道光，由于运道梗塞，或畿辅大水；咸丰、同治时，太平军占领江南，这些因素使京师粮食供应紧张，讲求海运和畿辅水利成为一时潮流。道光三年（1823），畿辅大水，雨潦成灾，朝廷赈济后，"简练习河事大员，俾疏浚直隶河道。并将营治水田，于是京师士大夫多津津谈水

---

[1]　白杰：《宣南文脉》，中国商业出版社，1995年，第138页。

利矣"[1]。魏源说："道光五年（1825）夏，运舟陆处，南士北卿，匪漕莫语。"[2] 到了同治二年（1863）时，冯桂芬说："年来士大夫动有复河运之议，宣南尤重，问其故，畏外侮而已。"[3] 河政、漕运、盐政是清朝大政，而解决其弊端的方案，如恢复海运、发展畿辅水利等是清代贯穿始终的政治思潮。在这种思潮中，潘锡恩的同年友如唐鉴、林则徐，都或前或后地论述畿辅水利，唐鉴嘉庆十六年（1811）就开始写作《畿辅水利备览》，林则徐嘉庆二十四年（1819）开始写作《北直水利书》（道光十二年时更名为《畿辅水利书》，光绪丙子刊本名《畿辅水利议》）。道光十五年（1835）十二月，当林则徐为江苏巡抚时，曾把自著《畿辅水利书》和潘锡恩《畿辅水利四案》、吴邦庆《畿辅河道水利丛书》送给桂超万阅读，并请桂超万提出意见[4]。他们之间同明相照、同类相求，

---

[1] 吴邦庆编，许道龄校：《畿辅河道水利丛书·潞水客谈·序》，农业出版社，1962年。

[2] 《筹漕篇上》，见《魏源集》上册，中华书局，2009年。

[3] 冯桂芬：《致曾相侯书》，见《皇朝经世文编续编》卷四八《户政二十·漕运中》。

[4] 桂超万：《上林少穆制军论营田疏》，见《皇朝经世文编续编》卷三九《户政十一·屯垦》。

其学术旨趣是相同的。

其三，论证道光时疏浚直隶河淀的必要性和工程费用。从气候变化来说，嘉庆六年（1801）以前"十年之中，忧旱者居其三四，患涝者偶然耳。自嘉庆六年以来，约计十年之中，涝者无虑三四"。即自嘉庆六年至道光时，直隶水患居多。从地势来说，永定河堤、子牙长堤虽能捍格水潦，但东淀已淤；南运河、北运河的减坝日高，三岔河汇流不畅。以往，河通淀廓，今通者塞而廓者隘，一经霖潦，则必然溃决堤坝。从实际情形看，永定河多决口，东淀至天津汇为巨浸，漂没民田庐舍，民生艰难。从天时、地利、人情三方面看，道光时国家应继续疏浚直隶河道。当时，人们对疏浚河淀的人工物力存有疑虑，他认为可参考乾隆四年成案："平常工程，照以工代赈者，十居其三；紧要工程，照修筑河堤者，十居其三。修筑之法，劝用民力者，十去其四，此乾隆四年成案，似可仿行也。"[1]他编辑《畿辅水利四案》，"用备当事之采择，并取前人论说，有助经理者附焉"[2]。

---

[1] 潘锡恩：《畿辅水利四案·附录》，道光三年刻本。

[2] 潘锡恩：《畿辅水利四案·附录》，道光三年刻本。

　　同时，为道光时疏浚直隶河淀提供当代成功的经验。雍正、乾隆时国家数次治理直隶水利：雍正三年至八年（1725—1730）在怡贤亲王允祥、大学士朱轼主持下的畿辅水利营田；乾隆四年至五年（1739—1740）由直隶总督孙嘉淦、天津道陈宏谋主持的消除天津积水；乾隆九年至十二年（1744—1747）由吏部尚书刘于义、直隶总督高斌等主持的直隶水利；乾隆二十七年至二十九年（1762—1764）由直隶总督方观承、布政使观音保、尚书阿桂、侍郎裘日修等主持的直隶水利。乾隆三十五年（1770）侍郎袁守侗、德成往直隶督率疏消积水，尚书裘日修往来调度，总司其事。乾隆时的几次治理直隶水利，除乾隆九年至十二年（1744—1747）是因干旱而兴修水利外，其余三次都是因积水宣泄不及而兴起，主要目标是消除治理积水，但也兼及农田水利。道光三年（1823）夏，畿辅连年水患，朝廷派署工部侍郎张文浩、直隶总督蒋攸铦，勘察南北运河及永定河决溢，准备次年疏浚直隶河淀事宜[1]。但是当时人们对畿辅水利有一些错误认识，如沈联芳

---

[1]《清史稿》卷二八三《张文浩传》。

认为"圣祖、世宗年间，淀池深广，未垦之地甚多，故当日怡贤亲王查办兴利之处居多。乾隆二十八九年制府方恪敏时除害与兴利参半。今则惟求除害矣"[1]。沈联芳认为嘉庆以后，畿辅只应除水害，不能兴水利。潘锡恩说，"论者谓，雍正间肇兴此举，其时利多于害；乾隆间则利害参半；至今日而兴利之举，不胜其除害之思矣"。他不赞成这种观点，"目前以除害为急，害除而利自可以徐兴；异时之兴利可期，利兴而害且可以永去"。"通流无碍，蓄泄可资，然后徐筹灌溉之功未为晚也。"他编写《畿辅水利四案》正是为了给道光时的疏浚直隶河淀，提供成功的历史经验。

其四，潘锡恩个人的学识，使他把关心江南民生利病和畿辅水利联系起来。潘锡恩是安徽泾县人，安徽是有漕省份之一。他嘉庆十六年（1811）中进士，有十多年的时间在京师任编修、侍读学士等职，既熟悉直隶的情况，也熟读史馆中档案。他自述"承乏史馆，伏读列圣实录、先臣章疏，仰见谟宏远擘画精详，

---

[1]　沈联芳:《邦畿水利集说总论》，见《清经世文编》卷一〇九《工政十五·直隶水利下》。

谨缮录以备省览"[1]。关心当时河工、漕运等国家大政，并发表意见。嘉庆、道光时，河务和漕运弊端日益严重，江南漕粮浮额日益增多，解决这些弊端以及由此带来的其他社会的、经济的问题，成为潘锡恩关注的重点。道光四年（1824），当他还是宗人府丞时，就上疏条陈河务，提出"蓄清抵黄"的建议，道光帝韪其议[2]。这表明了他对江南河道的关注，引起最高统治者的重视。也正是在这一年，《畿辅水利四案》成书。道光五年（1825），补淮扬道。道光六年至九年任南河副总河。道光十一年（1831），由前任南河总督黎世序和南河副总督潘锡恩主持、俞正燮等编辑《续行水金鉴》成书。道光二十三年（1843）至二十八年（1848）任南河河道总督兼漕运总督。《清史稿》评价说："河患至道光朝而愈亟，南河为漕运所累，愈治愈坏。自张文浩蓄清肇祸，高堰决而运道阻。……灌塘济运，赖以弥缝。麟庆、潘锡恩循其成法，幸无大败而已。"[3]可以说，潘锡恩的学术著述与他担任河臣之间，是有着

---

[1] 潘锡恩：《畿辅水利四案·附录》，道光三年刻本。

[2] 《清史稿》卷三八三《潘锡恩传》。

[3] 《清史稿》卷三八三"史臣论曰"。

互相促成关系的。

2. 潘锡恩对畿辅水利的主要认识

《畿辅水利四案》的地位是独特的，除了因为这书是清代第一部关于畿辅水利的专题档案汇编外，还因为这书表现了编者潘锡恩关于清代畿辅水利的一些有价值的思想认识。这主要表现在以下几个方面：

潘锡恩认为，第一，治理直隶水利，必须以疏浚为主。直隶河流众多，经河之大流有卫河、滹沱河、漳河。其他如河间府分水支河十一，潴水淀泊十七，蓄水渠三。天津府分水支河十三，潴水淀泊十四，受水之沽六。是水道之至多，莫如直隶。太行山东之水，皆于此而委输，天津名曰直沽，畿辅之流，皆于是而奔汇[1]。但"直隶地方，地势平衍，虽有潴水之淀泊，并无行水之沟洫，雨水偶多，即漫流田野"[2]。因此，雍正三年（1725）怡贤亲王允祥和大学士朱轼就确定以疏浚为主的治理方案："治直隶之水，必自淀泊始"，

---

[1] 柴潮生：《敬陈水利救荒疏》，见潘锡恩：《畿辅水利四案·三案》。

[2] 陈仪：《疏古河故渎议》，见潘锡恩：《畿辅水利四案·附录》。

疏浚深广，并多开引河，使淀淀相通，使沟洫达于渠，渠达于河，于淀。[1]乾隆时仍继续这种治水思想。乾隆九年至十一年（1744—1746）刘于义、高斌上疏四次，共提出三十条治理直隶水患的建议，其中有二十一条建议是以疏浚为指导思想，其方法主要有深挖沟渠、修减水坝、挑支河等。在疏浚直隶各淀泊河渠后，就应治理天津入海口，使尾闾畅通。潘锡恩总结说："直隶当大雨时行，正值海潮涨盛之候。但知从事宣泄，然宣泄未由归壑，堤岸必复遭冲溃，中流且卒致填淤，是工掷于无用。惟于大陆泽、宁晋泊、西淀、东淀、塌河淀、七里海、中塘洼诸处大加挑挖，使潦水暴至，有所消纳；逮海潮大落，众派趋归；其潴蓄所余，并足资旱干泹注之用，此一举两得之计也。"[2]他主张，治理海口，使尾闾畅通，同时在上游大陆泽、宁晋泊、西淀、东淀及下游的塌河淀、七里海、中塘洼等处加深挑挖，使其消纳上游之水。

第二，应去水之害，兴水之利。兴水之利最大者，当为水利田。雍正时治理直隶水利的主要目标是除水

---

[1]　允祥、朱轼：《查勘直隶水利情形疏》，见潘锡恩：《畿辅水利四案·初案》。

[2]　潘锡恩：《畿辅水利四案·附录·潘锡恩按语》。

害兴水利。雍正三年（1725）允祥、朱轼《畿南请设营田疏》："畿辅土壤之膏腴甲于天下，东南滨海，西北负山，有流泉潮汐之滋润，无秦晋岩阿之阻格，豫徐黄淮之激荡，言水利于此地，所谓用力少而成功多者也。……今农民终岁耕耨，丰歉听之天时，一遇雨阳之愆，遂失秋成之望，岂地力之是咎，实人谋之不藏也。……臣等请择沿河濒海、施功容易之地，若京东之滦、蓟、天津，京南之文、霸、任邱、新、雄等处，各设营田专官，经画疆理，召募南方老农，课导耕种，……至各属官田，约数万顷，请遣官会同有司，首先举行，为农民倡率。其浚流、圩岸以及潴水、节水、引水、戽水之法，一一仿照成规，酌量地势，次第兴修，一年田成，二年小稔，三年而粒米狼戾。"[1]雍正四年首先在滦县、玉田、霸州、文安、大城、保定、新安、安州、任邱试行，共成水利田八百余顷，于是设立京东局、京西局、京南局、天津局，主管营田，至七年共营成水田六千余顷，水稻丰收。[2]这次修水利田成功的经验，鼓舞了潘锡恩。

　　潘锡恩认为道光年间应继续发展直隶农田水利。

---

[1] 允祥、朱轼：《畿南请设营田疏》，见潘锡恩：《畿辅水利四案·初案》。

[2] 《通志四局营田亩数》，见潘锡恩：《畿辅水利四案·初案》。

《畿辅水利三案》引用乾隆九年（1744）山西监察御史柴潮生《敬陈水利救荒疏》，提出发展直隶水田的建议，"尽兴西北之水田，尽辟东南之荒地，则米价自然平减，间左立致丰盈，……请先就直隶为端，俟行之有效，另筹长策，次第举行"。柴潮生还批驳了"北土高燥，不宜稻种也，土性沙碱，水入即渗也"的说法。[1]潘锡恩回顾了元明及清代发展直隶水利的历史，从天时、地利、人情三方面提出了嘉庆以后发展直隶水利的必要性，说："顾或疑南北之土性异宜，此则怡贤亲王之所陈、御史柴潮生之所奏已破其说。今且未责之遽兴水利也，除水害已耳。……俟通流无碍，蓄泄可资，然后徐筹灌溉之功未为晚也。"

第三，农田不得侵占水道，保证行水畅通，留为潴水之地。潘锡恩引用前人的实践和认识以说明自己的观点。清代贪占淤地耕种的现象很严重，陈仪、沈联芳都指出贪占淤地的现象和危害，陈仪和高斌曾设法打击或改变侵占河湖淤地的做法。乾隆三十七年（1762），乾隆帝批评了贪占淤地的现象："淀泊利在宽

---

[1] 柴潮生：《敬陈水利救荒疏》，见潘锡恩：《畿辅水利四案·二案》。

深，其旁间有淤地，不过水小时偶然涸出，水至则当让之于水，方足以畅荡漾而资潴蓄。……乃濒水愚民，惟贪淤地之肥润，占垦效尤。所占之地日益增，则蓄水之区日益减，每遇潦涨水无所容，甚至漫溢为患，在闾阎获利有限，而于河务关系匪轻，其利害大小，较然可见。是以屡经饬谕，冀有司实力办理。今地方官奉行，不过具文塞责，且不独直隶为然，他省滨临河湖地面，类此者谅亦不少，此等占垦升科之地，一望可知。存其已往，杜其将来。无难力为防遏，何漫不经意若此。通谕各督抚，除已垦者姑免追禁外，嗣后务须明切晓谕，毋许复行占耕，违者治罪。若仍不实心经理，一经发觉，惟该督抚是问。"[1] 畿辅及其他地区农民贪占河滩淤地现象严重，引起乾隆帝的不满。潘锡恩引用前人的实践和认识，来表明他对这个问题的认识。

3. 《畿辅水利四案》的学术史意义与借鉴价值

潘锡恩在《畿辅水利四案》中提倡继续兴举直隶

---

[1] 《乾隆谕旨》，见潘锡恩：《畿辅水利四案·附录》。

农田水利，主要是消除积水，然后发展水田生产。清代后期，直隶农田水利，特别是水稻生产，呈下降趋势。从今天北方干旱少雨的气候条件看，水田是最浪费水资源的，北方干旱半干旱区不再适宜发展水稻生产。那么《畿辅水利四案》有什么学术史意义及现代借鉴价值？

《畿辅水利四案》的学术史意义表现在两方面。第一，《畿辅水利四案》是清代雍正、乾隆两朝国家大规模兴举直隶水利的专题档案汇编。雍正、乾隆年间的畿辅水利，当时皇帝的谕旨、大小臣工的奏疏，以及雍正年间水利营田的营田亩数，虽然可以直接在清代档案和陈仪《畿辅通志》中查找到，但是，由于潘锡恩曾在史馆任职，虽然有些档案他也不曾见到，但他接触的档案，无疑要比我们今天所能接触到的多，也更系统，因此《畿辅水利四案》是今天我们了解雍正、乾隆年间的畿辅水利的专题历史文献。

第二，《畿辅水利四案》是元明清时期第二部直隶水利专史。从水利史专著的发展看，元以前，只有《史记·河渠书》和《汉书·沟洫志》两部水利专史；元以后，正史恢复了《河渠志》：这都是全国范围的水利专史。宋元明清时，随着江南漕粮在京师粮食供应中地位的上升，国家治水活动的重点以江南为主，出现了许多反映江南水利活动的专史。相反，北方水利或者说西北水利只是江南官员学者的一种理想。清代雍正、乾隆时国家大规模地兴举直隶水利，嘉庆、道光时运河河道梗塞、畿辅大水，促成了记述、研究直隶治水活动的学术著作的产生，道光年间产生了多部有关畿辅水利的著作。从刊刻时间看，潘锡恩《畿辅水利四案》是道光年间刊刻的第一部直隶水利专史，并且对林则徐《畿辅水利议》有启示作用。

潘锡恩在《畿辅水利四案》中提出的一些思想认识，对今天发展农田水利事业是有思想启迪作用的。这里只提出两点。其一，关于疏通积水的观点，今日可以变通地借鉴其思想和方法。我国地势西高东低，呈阶梯状下降，而许多省区内则较为平坦。河流大多由西向东，最后流入黄海、渤海、东海。降雨时空分配不均衡，冬春少雨干旱，夏秋多暴雨。农业生产的水资源条件很不利：春季是作物生长的需水期，这时我国北方河流正处于枯水期；夏秋是作物收获季节，河流却处于丰水期。农业生产与水资源的丰枯周期互相错位，这对农业生产是极其不利的。因此，在我国北方工业生产和人民生活用水需要不断增长的情况下，如何有效地处理夏季暴雨积水问题，对农业发展有重要影响。水利水害可以互相转化。清代主要的治理措施是消除积水、兴修农田水利。但今天可以变通而借鉴之，夏季可以采取有效措施拦蓄水源，以备旱时之需。这样，潘锡恩关于如何消除畿辅夏季积水的思想方法、措施就可以为我们所借鉴。

其二，关于人类经济社会活动不得占用行水通道的思想，对于今天经济与社会的可持续发展仍有借鉴意义。汉代贾让指出，黄河流域许多水患的发生，实际是由于人类的居住和农耕活动侵占了行水通道。自汉代至明清，随着人口增长以及国家征收赋税欲望的增强，这种现象愈演愈烈，黄河流域、长江中下游等地区，都发生人争水道的社会经济行为。南宋的卫泾，宋元之际的马端临，明清之际的顾炎武，乾隆时的李光昭，都指出水患的实质是人类经济社会活动侵占了行水通道。马端临说："大概今之田，昔之湖也。徒知湖之水可以涸以垦田，而不知湖外之田将胥而为水也。"[1] 顾炎武认为"吾无容水之地,而非水据吾之地也。……河政之坏也,起于并水之民贪水退之利,而占佃河旁淤泽之地,不才之吏因而籍之于官,然后水无所容,而横决为害"[2]。李光昭说:"北方之淀,即南方之湖,容水之区也。""借淀泊所淤之地,为民间报垦之田,非计之得也者。盖一村之名,止顾一村之利害,一邑之官,止顾一邑之德怨。"[3] 应当由国家统一规划、施工、管理和使用河流,避免出现利于甲而害于乙的水利或其他经济社会行为。清代乃至今日南方长江流域中游许多洪水的发生,实质就是垸田侵占了行水通道。潘锡恩《畿辅水利四案》中贯穿着反对人占水地的思想,这对于今天社会与经济的可持续发展仍有借鉴意义。

---

[1] 《文献通考》卷六《田赋考六·水利田》。

[2] 《日知录》卷一二《河渠》。

[3] 李光昭修,周琰纂:《东安县志》卷一五《河渠志》,乾隆十四年修,见王文琳编:《安次县旧志四种合刊》,民国二十四年。

三、吴邦庆《畿辅河道水利丛书》

　　吴邦庆（乾隆四十一年至道光二十八年，1776—1848），字霁峰，顺天霸州人。乾隆六十年（1795）举人。[1]嘉庆元年（1796）进士，一直在京师任职，累迁内阁侍读学士。吴邦庆对漕运和河工有较大的贡献，是道光时比较重要的漕臣、河臣。当他在京师任职时，数论河漕事，多被采用。嘉庆十五年（1810）他奉命巡视东漕（南运河），十九年（1814）督浚北运河。[2]自嘉庆二十年至二十五年（1815—1820），历任山西、河南、湖南、福建、安徽巡抚或通政使。道光九年至十一年（1828—1831），为漕运总督，督漕三年，东土无延期[3]，禁止粮

---

[1]　《畿辅河道水利丛书·直隶河渠志·吴邦庆〈跋〉》。

[2]　《畿辅河道水利丛书·畿辅河道管见·南运河》。

[3]　徐世昌、王树楠：《大清畿辅先哲传》第五《吴邦庆传》。

船装载芦盐，请缉拿沿河窝屯；十一年（1806），调江西巡抚；十二年至十五年（1807—1810），为河东河道总督。吴邦庆曾在朝中任翰职，道光三年，授予翰林院编修。[1] 道光四年（1824），吴邦庆编辑刊刻的《畿辅河道水利丛书》，是道光时三大畿辅水利著述之一，对畿辅水利的用水方法，有理论上和贡献。这里着重讨论《畿辅河道水利丛书》的体例、内容、编纂经过、成书原因、主要观点、学术渊源、历史地位和影响等问题。

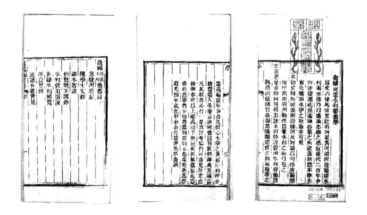

《畿辅河道水利丛书》清道光四年益津吴氏刻本，浙江图书馆藏书

---

[1] 《清史稿》卷三八三《吴邦庆传》。

1.《畿辅河道水利丛书》的体例和内容

《畿辅河道水利丛书》，是由吴邦庆编撰的宋、元、明、清畿辅河道水利文献汇编，共收集宋、元、明、清三类十种畿辅水利文献。三类分别是明清畿辅水利著述、吴邦庆编著的宋元明清畿辅水利专题文献、吴邦庆自著畿辅河道水利营田论文。十种分别是徐贞明《潞水客谈》，陈仪《直隶河渠志》和《陈学士文钞》，怡贤亲王允祥《怡贤亲王疏钞》，吴邦庆绘图的《营田水利册说补图》、编辑的《畿辅水利辑览》和编著的《泽农要录》，吴邦庆撰述的《畿辅河道管见》《管见书后》和《畿辅水利营田私议》。

第一类，明清畿辅水利著述，包括徐贞明《潞水客谈》、陈仪《直隶河渠志》和《陈学士文钞》、怡贤亲王允祥《怡贤亲王疏钞》。这里，要着重介绍允祥畿辅水利奏疏、陈仪《直隶河渠志》和《陈学士文钞》。雍正三年，畿辅大水，诸河泛滥，畿辅七十余州县被水灾，坏民田庐无数。雍正帝命怡贤亲王允祥、大学士朱轼主持畿辅水利营田事宜，三四年间，河流顺轨，营治水田六七千顷。《畿辅河道水利丛书》收录《怡贤亲王允祥疏钞》，含吴邦庆辑清雍正帝谕、允祥的九篇奏疏、附录李光地《请开河间府水田疏》和《请兴直隶水利疏》，最后是吴邦庆跋。允祥的九篇奏疏，即《敬陈水利疏》《请设营田专官事宜疏》《请磁州改归广平疏》《敬陈畿辅西南水利疏》《请设河道官员疏》《敬陈京东水利疏》《请定考核之例以专责成疏》《各工告竣情形疏》《恭进营田瑞稻疏》。吴邦庆说，允祥主持畿辅水利的事迹，"自为天下后世所共瞻仰。而其管理营田水利府诸章疏，水道则脉络分明，修治则擘画周悉，尤可钦贵"[1]。

陈仪（康熙八年至乾隆七年，1669—1742），字子翙，直隶文安人。康熙二十九年（1690）中举人，五十四年（1715）进士，官至翰林院侍读学士，授编修，预修三朝国史。陈议对畿辅水利的贡献有两项：第一，他参与了雍正时的畿铺水利营田事业，并有营田成绩。雍正四年（1726），大学士朱轼，随怡贤亲王允祥行视畿辅水利。朱轼以亲忧南归后，教令牍奏，皆出自陈

---

[1] 《畿辅河道水利丛书·怡贤亲王疏钞·吴邦庆〈跋〉》。

仪之手。五年（1727），设水利营田四局，陈仪领天津局，用以工代赈的形式，加固文安、大城的险要堤工。八年（1730），廷议设立营田观察使二员，分辖京东西，以督率州县。陈仪领丰润诸路营田观察使，在天津营田，仿效明汪应蛟遗制，筑十字围三面通河，开渠与河水通，潮来渠满，则闭之以供灌溉，白塘、葛沽之间，斥卤尽变膏腴。丰润、玉田负山带水，涌地成泉，多沮洳之区，陈仪教民开渠筑圩，皆成良田。水稻丰收。陈仪又考虑谷贱伤农，奏请发帑金采买，以充国库。后罢观察使，领史职如故。第二，陈仪论述了畿辅河通源流及水利方法。陈仪自康熙二十九年（1690）中举后，会试屡次失利，于是他"益讲求经世之务，于礼乐、制度、盐法、河防，莫不考究其得失，而以畿辅河道，尤关桑梓利害，凡桑干、沽、白、漳、卫、滹沱诸水之脉络贯注及迁徙壅决之由，疏瀹浚导之法，若烛照数计"。当他随允祥行视畿辅水利时，教令牍奏，皆出其手。他熟悉直隶河道源流，"畿辅七十余河，疏故浚新，公所堪定者十六七。论者谓燕、赵诸水，条分缕析，前有郦道元，后有郭守敬，公实兼之"[1]。因此他在充霸州等处营田使时，就著《直隶河渠志》一卷，凡海河、卫河、白河、淀河、东淀、永定河、清河、会同河、中亭河、西淀、赵北口、子牙河、千里长堤、滹沱河、滏河、宁晋泊、还乡河、塌河淀、七里海二十余水的迁徙壅决利弊，都简明扼要地叙述出来。当李卫在保定莲花池书院主持修纂《畿辅通志》时，延请陈仪为总修，陈仪特著《河渠志》一门。乾隆十八年（1753）陈玉友刊刻陈仪著作《陈学士文集》，卷一收录陈仪《请修营田工程疏》，卷二收录陈仪《直隶河道事宜》、《文安河道事宜》、《营田志》、《四河两淀私议》（乾隆四年作）、《后湖官地议》、《治河蠡测》、《与天津清河两道咨》[2]；陈仪文集《兰雪斋集》中有《堡船义夫议》《疏古河故渎议》等[3]。吴邦庆编辑《陈学士文钞》时抄录了上列八文，及符曾《陈学士家传》。

　　第二类，吴邦庆编著的畿辅水利专题文献，即吴邦庆绘图《营田水利册说补图》一卷、编辑《畿辅水利

[1]　符曾：《陈学士家传》，见《畿辅河道水利丛书》。

[2]　陈仪：《陈学士文集》，乾隆十八年兰雪斋刻本。

[3]　潘锡恩：《畿辅水利四案·附录》收录上述八篇，道光三年刻本。

辑览》一卷和编著《泽农要录》六卷。

《营田水利图说》，是吴邦庆抄录的陈仪纂修《畿辅通志》卷四十七《水利营田》并配以地图。雍正三年，畿辅大水，诸河泛滥，坏民田庐无数。雍正帝命怡贤亲王允祥、大学士朱轼主持畿辅水利营田事宜，三四年间，河流顺轨，五年，设水利营田四局。一曰京东局，统辖丰润、玉田、蓟州、宝坻，平谷、武清、滦州、迁安，自白河以东，凡可营田者咸隶焉。一曰京西局，统辖宛平、涿州、房山、涞水、庆都、唐县、安肃、新安、霸州、任邱、定州、行唐、新乐、满城，自苑口以西，凡可营田者咸隶焉。一曰京南局，统辖正定、平山、井陉、邢台、沙河、南和、磁州、永年、平乡、任县，自滹、滏以西，凡可营田者咸隶焉。一曰天津局，统辖天津、静海、沧州暨兴国、富国二场，自苑口以东，凡可营田者咸隶焉。……自五年分局，至于七年，营成水田六千顷有奇，稻米丰收。[1]陈仪纂《畿辅通志》卷四十七《水利营田》分列四局，以各州县列其下，并注明某处用某水、营田若干顷亩。吴邦庆认

---

[1] 陈仪：《畿辅通志》卷四七《水利营田》，雍正十三年刻本。

为陈仪《水利营田》有说无图，终未尽善。于是他取诸州县，计里开方，绘图三十七幅，使"观者较若列眉，了如指掌"，使讲求畿辅水利者"按图而求之"[1]。

《畿辅水利辑览》，是由吴邦庆编辑十一种宋、元、明、清直隶农田水利的议论奏疏而成，计有宋何承矩《屯田水利疏》，元虞集《畿辅水利议》，明汪应蛟《海滨屯田疏》、董应举《请修天津屯田疏》、左光斗《屯田水利疏》和《请开屯学疏》、张慎言《请屯田疏》、魏呈润《水利疏》、叶春及《请兴水利疏》、袁黄《劝农书摘语》，并附朱云锦《豫中田渠说》。[2] 以上内容，是宋元明讲求畿辅水利者的议论行事文献汇编。吴邦庆认为，直隶水利营田，则"惟宋何承矩故迹差可考，余则陵谷变迁，惟传志记载耳。……继而讲求水利者，元则有郭太史守敬、虞文靖公集、丞相脱脱，……明则倡其说者为徐尚宝贞明；试行于天津者，则汪公应

---

[1] 《畿辅河道水利丛书·水利营田图说·吴邦庆〈跋〉》。

[2] 《清史稿》卷三八三《吴邦庆传》说，《渠田说》为吴邦庆作，有误。《畿辅河道水利丛书·畿辅水利辑览序》："余备藩豫中，朱云锦居幕中，方撰《豫乘识小录》，遂著《渠说》。"《畿辅水利辑览》附朱云锦豫中田渠说云："朱云锦，永清县人。乾隆己酉科举人，尝著《豫乘识小录》，兹采其《渠说》附焉。"

蛟、左公光斗诸公；或指画明切，或见诸行事，其言皆可宝贵。愚尝论用水之法，……余窃尝留心此事，于直隶水利之说，尤所究心，遇则杂抄之"[1]。吴邦庆因重视前代讲求西北华北（畿辅）水利者的实践，而重视他们的著述和史志，于是他抄录相关文献成《畿辅水利辑览》，其中元虞集《畿辅水利议》中附录郭守敬水利议论并《元史·河渠志》所载"中冶河改流一条，可分滹沱之势；练湖一则，可为治淀泊淤浅之法；兹并录之，以备治水者之采择"[2]"于《续文献通考》中抄得汪公全疏，于《左忠毅公奏疏》内抄得《屯田》及《请立屯学》全疏，他如董应举、张慎言、魏呈润、叶春及皆有疏陈水利，俱采之为《畿辅水利辑览》一卷"，还有袁黄《宝坻劝农书》及当时永清朱云锦《田渠说》，有助于畿辅水利。[3]

吴邦庆编著的《泽农要录》，是一种畿辅水稻种植技术专著。全书共六卷十篇，即授时、田制、辨种、耕垦、树艺、耘耔、培壅、灌溉、用水、获藏。这些篇目，

---

[1] 《畿辅河道水利丛书·畿辅水利辑览·序》。

[2] 《畿辅河道水利丛书·畿辅水利辑览·元虞集畿辅水利议》。

[3] 《畿辅河道水利丛书·畿辅水利辑览·序》。

包括了水稻种植的全过程。包括授时、治田、辨种、耕种、锄耨、灌溉、用水、收藏、仓储、赈济等多方面的内容。《泽农要录》内容，取自《齐民要术》、《农桑辑要》、王桢《农书》、徐光启《农政全书》等农书中有关垦治水田、艺粳稻诸法，及《授时通考》中清帝耕图诗"于水耕火耨者大有裨助"者。但作者不完全照录古农书，而是根据畿辅水土地势实际，探讨了畿辅水稻种植的各种事宜，提出了适合畿辅种植水稻的各种技术。例如田制，他提出了"因水为田之法"[1]，说："畿辅平原千里，诚神皋之奥区。然西北则太行拥抱，东则沧海回环，中则通川广淀，交相贯午，今欲讲求水利于其中，则田亩亦必有因地制宜之处。农书所载田制凡八则：曰围田，曰柜田，此近淀泊及苦水潦之所可用者；曰涂田，此天津、永平濒海面受潮汐之可用者；曰梯田，则西北一带山麓岭坡所可用者；曰圃田，则濒海及凿井之乡所当用者；曰架田，惟闽、粤有之，吴、越间不多见也，然淀泊巨浸中，居民难于得土，或亦可试行之；曰沙田，江海沙渚之田也，然

---

[1] 《树艺第五》，见《畿辅河道水利丛书·泽农要录》卷四。

永定、滹沱浊流之旁，亦间有焉；至区田，……水利之所不及者，以备歉收而尽地利，亦农家者流所不废也。"[1] 这里提出的七种水利田方法都不是由吴邦庆第一次提出来的，而是王桢《农书》中的方法，但吴邦庆使之与畿辅各地水土情况结合起来，这是他的贡献。他补记了滹沱河农民的留淤成田法："而平山、井陉诸县，滹沱经过之地，水浊泥肥，居人置石堰捍御，随势疏引，布石留淤，即于山麓成田。淤泥积久，则田高水不能上，复种桑秫以疏之，俾土平而水可上，水旱互易，获利甚饶。此亦历来农书之不载者。"[2] 又如，他研究了畿辅水潦后种植之法："今北方迫近淀泊，水潦易及之地，八九月水退，则种秋麦，或春初始涸，即种春麦。如须迟至四五月间，则种艺太晚。土人多以黍秫丛种于高阜之地，俟水尚余二三寸时，即拔而分种之，一如插秧然。水浸数日，脚叶颇黄萎，迨水涸土干，并力锄治，勃然而兴，与高原二三月种者同时收，其丰穰或有过焉。始知后人心思巧密，真有过于前人者，

---

[1] 《田制第二》，《畿辅河道水利丛书·泽农要录》卷二。

[2] 《树艺第五》，《畿辅河道水利丛书·泽农要录》卷四。

而究不过即前人之法推行尽利耳!"[1]他希望"留心斯事者，得是书而考之暇时与二三父老，课晴问雨之余，详为演说，较诸召募农师，其收效未必不较捷"[2]。

第三类，吴邦庆自著的畿辅河道水利营田论文，即《畿辅河道管见》《畿辅河道管见书后》和《畿辅水利营田私议》。这三篇，论述了吴邦庆关于道光三、四年治理畿辅河道和水利的具体意见。

总之，《畿辅河道水利丛书》所收三类十种文献，总结了宋元明清人们关于畿辅水利的理论探讨和实践效果，胪列了畿辅河道原委，探讨了治理畿辅河道的方法、兴举畿辅水利的必要性和可行性，并对道光四年的畿辅水利提出了具体建议。

2.《畿辅河道水利丛书》的编纂经过和原因

道光四年，《畿辅河道水利丛书》(以下简称《丛书》)刊刻成书。但每种著述被收入《丛书》的时间是不一样的。道光三年，陈仪《直隶河渠志》、徐贞明《潞

[1] 《树艺第五》,《畿辅河道水利丛书·泽农要录》卷四。
[2] 《畿辅河道水利丛书·泽农要录·序》。

水客谈》、《怡贤亲王疏钞》、《畿辅水利辑览》，被收入《丛书》；道光四年，《水利营田图说》完成绘图、《泽农要录》成书。《陈学士文钞》未注明他抄录完成时间。《畿辅河道管见》《畿辅河道管见书后》《畿辅水利私议》未注明时间，至晚应在道光三年或四年（1823或1824）完成撰述。但《丛书》四十余万字，非一二年内可抄录、编排、刊刻成书，而是经过了比较长的时间，至少在嘉庆十五年（1810）至二十三年或二十四年（1818或1819）时，吴邦庆就抄录了许多畿辅水利文献。

吴邦庆未中举时，就关心直隶水道原委、变迁、用水之法，及直隶河渠水道文献。他追忆："陈子翔先生为畿南名宿，余少时尝玩其集如嗜炙也，然其论河道诸篇则漫置之。殆少长，略知究心古人经世之学，始知此数篇之可宝也。"[1] 陈仪，字子翔。这是说，他少时就羡慕陈仪文名而熟读其文集，少长后略知究心古人经世学，由此重视陈仪论河道诸篇。他自述："邦庆家玉带、会通河之间，少时亦尝取直隶水道考之，略知原委，资考证而已。"[2] 这是说，由于家在会通河滨，

---

[1] 《畿辅河道水利丛书·陈学士文钞·吴邦庆〈跋〉》。

[2] 《畿辅河道水利丛书·畿辅水道管见·书后》。

他少时就考求直隶水道原委，但目的只是"资考证"。以上两处说到"少时"，不能确指，但无疑，他中举前，即乾隆六十年前，出于对桑梓利害和科举功名的关注，就开始了解直隶水道和畿南先贤文集。他还说："愚尝论用水之法，……即如漳水至今无用者，而西门、史起用之于前，曹魏用之于后，史言曹公设十二磴，转相灌输，惜此法不传耳！余窃尝留心此事，于直求水利之说，尤所究心，遇则杂抄之。"[1] 这是说，他很早就留心直求水利之说，遇到直隶水利文献，就抄录下来，但并无体例、编排。

那么他从何时"略知究心古人经世学"？何时"窃尝留心此事"？吴邦庆自述："通籍后，尝奉巡视东漕之命，兼有协办河道之责，湖河蓄泄机宜，皆预参议。又尝往来淮、徐间，览观于淮黄交汇、清浊钳制之势。嘉庆二十四年，马营坝工，曾奉命驰往查工，得从诸执事聆其议论，心识之。"[2] 嘉庆十五年（1810），吴邦庆奉命巡视东漕（南运河）[3]，十九年（1814）奉命偕穆

[1] 《畿辅河道水利丛书·畿辅水利辑览·序》。

[2] 《畿辅河道水利丛书·畿辅河道管见·畿辅水道管见·书后》。

[3] 《畿辅河道水利丛书·畿辅河道管见·南运河》。

彰阿督浚北运河[1]，二十二年（1817）开始为河南巡抚，二十四年（1819）奉命查马营坝工，二十五年（1820）为安徽巡抚。当他巡视河漕、协办河道、勘察河工时，既"预参议""湖河蓄泄机宜"，又"观览淮黄交汇、清浊钳制之势"，更"从诸执事聆其议论，心识之"。即当吴邦庆嘉庆十五年（1810）开始担任与河漕有关的职掌时，他就留心直隶水道问题，并观察其他河道的治理方法。后来他把任职经历中所学到的水利水学，都用到畿辅水利问题处理上。

道光三年（1823），畿辅大水，直接促成了吴邦庆编辑、整理、刊刻《畿辅河道水利丛书》。他说："癸未之春，以修理松楸，请假还里，是年夏秋雨潦，诸水漫溢为灾，邻邑文安在水中央者已两载，触目恻然。是时圣天子轸念郊圻，特诏熟悉河务大员经理其事，疏通河道，并将渐次修复水利，诚盛举也。因发旧藏图说而详考之，并附《管见》成书。"[2]道光三年畿辅大水，他请假回乡修墓时，才把他的旧藏图书及抄录的畿铺水利文献，整理编排。

[1]《畿辅河道水利丛书·畿辅河道管见·南运河》。

[2]《畿辅河道水利丛书·畿辅水道管见·书后》。

具体说来，吴邦庆搜集陈仪著《直隶河渠志》，大约始于乾隆六十年（1795），终于嘉庆二十三年（1818）。吴邦庆少时和通籍后，都一直搜求陈仪的《直隶河渠志》，吴邦庆说："余家霸州，密迩文安，且世与陈氏有连，又与先生孙霁乙卯同举于乡（乾隆六十年，1795），故知先生家世最悉。幼即闻有此书，询之其家不得也。后闻其宗老云：李宫保卫修《畿辅通志》延先生为总修，于《志》中特著《河渠》一门，非别有《河渠志》也。续求《通志》观之，信然。然《四库全书提要地理门》内有《直隶河渠志》一卷，注'直兼总督采进本'，终疑别有此书，特中秘之藏，无由窥见。同年帅仙舟中丞在浙中，余嘱觅之，从文澜阁本钞寄，始知即《通志》内《河渠》一卷，附以志名耳。"[1]以地缘、亲缘、举缘等关系，至晚在乾隆六十年时，吴邦庆就向陈仪之孙访求《直隶河渠志》而不得；后又访求陈氏宗老得知，《畿辅通志·河渠》就是《直隶河渠志》，后来借阅《畿辅通志》，才确定此事。但仍怀疑有别本《直隶河渠志》。当嘉庆十五年至二十三

---

[1] 《畿辅河道水利丛书·直隶河渠志·吴邦庆〈跋〉》。

年（1810—1818）[1]，帅承瀛在浙江巡抚任上时，吴邦庆就嘱托他抄录文澜阁本《直隶河渠志》，这样，吴邦庆终于确信：《直隶河渠志》就是《畿辅通志·河渠》，并无别本《直隶河渠志》。但他不满意《畿辅通志》卷四十七《水利营田》一卷有说无图。于是他为《水利营田》绘图三十七幅。此事当在道光四年（1824）。

同样，由于地缘、亲缘、举缘等关系，至晚在乾隆六十年（1795）时，吴邦庆就阅读到《陈学士文集》。他说："陈子翙先生为畿南名宿，余少时尝玩其集如嗜炙也，然其论河道诸篇则漫置之。殆少长，略知究心古人经世之学，始知此数篇之可宝也。"[2]这里说的"此数篇"，即陈仪关于畿辅河道水利的几篇章奏。《陈学士文集》十八卷，乾隆十八年（1753）由陈仪之子陈玉友刻于闽中。出于应考的需要，吴邦庆熟读《陈学士文集》，当在乾隆六十年中举前。直到他"殆少长，

---

[1] 《清史稿》卷三八一《帅承瀛传》：帅承瀛，字仙舟，湖北黄梅人。嘉庆元年进士。嘉庆十五年授浙江巡抚。……承瀛治浙数年，以廉勤著。道光四年，丁父忧，服阙，至京，以目疾久不愈，乃乞归，二十一年卒于家。则吴邦庆请帅承瀛抄录《直隶河渠志》当在嘉庆十五年至嘉庆二十三年，才与帅承瀛"治浙数年"履历相符。

[2] 《畿辅河道水利丛书·陈学士文钞·吴邦庆〈跋〉》。

略知究心古人经世之学，始知此数篇之可宝也"。吴邦
庆何时"知究心古人经世之学"？当在他嘉庆十五年
（1810）巡视东漕后，才对畿辅河道水利有认识，并重视
陈仪的畿辅水利奏疏议论，既继承陈仪对畿辅河道水利
的意见，又提出自己的见解。故吴邦庆抄录《陈学士文
钞》，当在嘉庆十五年至二十五年（1810—1820）之间。

　　雍正年间兴举畿辅水利，怡贤亲王允祥主持其事，
陈仪是僚属之一。吴邦庆重视陈仪的著述，但更重视
允祥的奏疏："即今刊于《畿辅通志》诸篇，于《敬陈
水利》一疏，见廓清淀池，调剂二河之大略焉；于《敬
陈畿辅西南》《京东》水利两疏，知相度机宜，建筑
闸坝，则败稼之洪涛，皆长稼之膏泽焉。他如设专官
严考成，磁州改隶而滏阳之利均，永定别流而淀池之
淤减，美利既兴，……然即观此诸疏，已可得其梗概，
而为后来者之取法，亟汇抄之。"[1]故在道光三年（1823）
刊刻《怡贤亲王疏钞》。

　　吴邦庆得读徐贞明《潞水客谈》，得力于永清人朱
云锦，时当在嘉庆二十五年至道光元年（1820—1821）

---

[1] 《畿辅河道水利丛书·怡贤亲王疏钞·吴邦庆〈跋〉》。

之间。朱云锦，号绹斋，直隶永清人，乾隆五十四年（1798）举人[1]。吴邦庆为乾隆六十年（1795）举人。朱、吴的相识，当在乾隆五十四年至六十年（1789—1795）之间。朱云锦自述："鄙性好游五岳，观其四渎，览其全，足迹几半天下。先君子薄宦豫章，余弱冠时，往省觐。自天津登舟，逆卫河南上，抵临清，见漳卫……"[2] 嘉庆二十二年（1817），吴邦庆为河南巡抚时，朱云锦入其幕府，"嘱友人朱绹斋辑《豫乘识小录》一编，以户口、田赋、仓储、盐、漕诸大政为纲，而以府州县为目而系之"。嘉庆二十五年（1820），吴邦庆为安徽巡抚，复嘱其仿前之为，朱云锦以府州县为纲，以沿革、山川、丁赋诸事为目，条分而丝贯，编辑《皖省志略》[3]。朱云锦著《豫乘识小录》和《皖省志略》，都是他作为吴邦庆的幕宾而为，并且是为吴邦庆施政而提供的地方情况汇览。时人称其"负著作才"[4]。道光元年（1821），朱云锦仍寓居河南巡抚官舍，他作《潞水客谈后》："余既读《明

---

[1] 《畿辅河道水利丛书·畿辅水利辑览·朱云锦〈豫中渠田说前言〉》。

[2] 《豫乘识小录自序》，《近代中国史料丛刊》第37辑。

[3] 《皖省志略·吴邦庆〈序〉》，嘉庆二十五年。

[4] 《皖省志略·魏元煜〈序〉》，道光元年。

史》本传，亟求其书不可得。后得之吴中藏书家，系抄本，精要略载本传，然此更畅耳。……余因亟抄是编，与子翔先生《河渠志》并藏。"[1]

朱云锦何时得到吴中抄本？是在他弱冠时省亲豫章经过吴中时，还是他为吴邦庆幕宾时？他很早就了解江南水利，故在嘉庆二十二年（1817）才能发表对江淮水利和西北水害的总观感："江淮之间，熟于水利，官陂官塘处处有之；民间所自为溪堰水荡，大可灌田数百顷，小可灌田数十亩。至民间买卖田地，先问塘之有无大小。……田间似有弃地，而实地无遗利矣。惟西北高亢之地，多置水利于不讲，雨潦之年，但受水害而已。"[2] 这可能是他漫游江淮吴中所见。他得吴中抄本当在嘉庆二十二年至二十五年间（1817—1820）为幕客时。而在道光元年抄录《潞水客谈》。吴邦庆说：明代言畿辅水利者颇有人，而徐贞明《潞水客谈》最著名。"余读《明史》本传，已得其大略。恨未得读其全书。朱子絅斋自吴中抄本寄致，余乃反覆之，而

---

[1] 《畿辅河道水利丛书·潞水客谈·朱云锦书》，道光元年。

[2] 《豫乘识小录》卷下《田渠说》，见沈云龙主编：《近代中国史料丛刊》第 37 辑，台湾文海出版社，1966 年。

恨不与之同时一上下其议论也。"[1]吴邦庆得读《潞水客谈》是朱云锦抄录自吴中藏书家抄本的抄本，当在道光元年（1821）。而吴邦庆刊刻《潞水客谈》，在道光三年（1823）。

根据吴邦庆"余窃尝留心此事，于直隶水利之说，尤所究心，遇则杂抄之"[2]的说法，《畿辅水利辑览》中多数奏疏议论的抄录，当始于嘉庆十五年（1810）他担任与河漕有关的职掌时。附录朱云锦《豫乘识小录》之《渠田说》撰成、刊刻于嘉庆二十二年（1817），是他收录著述中最近的一种。吴邦庆深受朱云锦《渠田说》见解的影响，嘉庆二十三年（1818）曾准备在河南施行而未果。编入《畿辅水利辑览》的时间当在嘉庆二十三年至道光三年（1818—1823）间。

《泽农要录》的资料搜集当在嘉庆时。吴邦庆说："余家世农，未通籍时，颇留心耕稼之事。"[3]未通籍，指嘉庆元年中进士以前。即乾隆六十年（1795）以前，吴邦庆就留心农事。嘉庆时，他或许搜集了一些古农

---

[1] 《畿辅河道水利丛书·潞水客谈·吴邦庆〈序〉》。

[2] 《畿辅河道水利丛书·畿辅水利辑览·序》。

[3] 《畿辅河道水利丛书·泽农要录·序》。

书。道光三年（1823）请假还乡时，他把古农书中种稻知识和霸州农民的实际经验相验证："松楸附近，缘连年积水，颇有艺治稻畦者，问询其种植之方，则有与诸书合者；或取诸书所载而彼未备者，以乡语告之，彼则跃然试之，辄成效。始知古人不我欺，而农家者流诸书为可宝贵。"道光三年，朝廷饬谕直隶大臣疏浚河道，并将兴修水利。于是他"详采"古农书中有关垦水田、艺粳稻诸法，于道光四年编成《泽农要录》。[1]

《畿辅河道管见》《畿辅河道管见书后》《畿辅水利私议》三篇，不注明撰述完成时间，无疑当在道光四年完成。《畿辅河道管见·永定河》所引永定河最近河工漫口在道光二年或三年（1822或1823），即是明证。而他酝酿对畿辅河道水利的见解、看法，当始于嘉庆十五年至嘉庆二十五年（1810—1820）间。根据在于，吴邦庆在《畿辅河道管见》中，往往将他嘉庆十五年至二十五年担当河漕和豫皖两省巡抚职务时所见所闻的水学知识和治水方法，并以他所知的最近河事，综合运用到他对畿辅水利的认识上。例如，《畿

---

[1] 《畿辅河道水利丛书·泽农要录·序》。

辅河道管见·永定河》引用嘉庆二十四年和道光二、三年河工漫决，又引用黄河自云梯关以下清淤、放淤之法，而他了解接触黄河当在嘉庆二十二至二十五年（1817—1820）间；《畿辅河道管见·南运河》引用他嘉庆十五年（1810）巡视东漕，十九年（1814）督浚北运河，二十二年、二十三年（1817、1818）为河南巡抚时的事实。以上诸例，可以证明他在嘉庆十五至二十五年（1810—1820），就考虑到畿辅河道水利问题。

吴邦庆为什么关注畿辅水利，并编纂《畿辅河道水利丛书》，这有很多原因。首先，吴邦庆继承了宋、元、明、清讲求畿辅水利者的思想遗产。他说："历观往牒，谈西北水利者众矣。大抵谓神京重地，不可尽仰食于东南；或谓冀北膏腴，不可委地利于旷弃。"他赞成宋、元、明、清讲求畿辅水利者的主张，敬佩何承矩、郭守敬、虞集、徐贞明、汪应蛟、董应举、左光斗、李光地、陈仪等讲求畿辅水利的事迹。但认为更需要指出畿辅水利的具体途径，即"指明入手"。[1]

其次，吴邦庆关注桑梓利害。吴邦庆家居霸州，

---

[1]《畿辅河道水利丛书·畿辅水利私议》。

密迩文安。文安和安州等处，地形如釜，四面积潦，有涸消而无疏放。又逼近东西两淀，北东大堤河身日高，有建瓴之势，西淀汇七十二清河，经苑家口下归东淀，盛潦时往往疏消不畅，漫溢为灾。而文安城郭，半浸水中，每至四五年水涸后，始可播种，居人苦此者数百年。[1] 他了解当地农民苦于积潦的现实。他在乾隆六十年（1795）中举前，出于对科举考试的需要，就关注畿辅河道水利和畿辅名贤文集。在嘉庆十五年（1810）始有巡视河漕之差后，一直到嘉庆二十五年（1820）任安徽巡抚，他在执行河漕职务时，借鉴其他河道治理方法，思考畿辅水利方法。当道光三、四年（1823、1824），畿辅大水，朝廷准备讲求畿辅水利时，他"因发旧藏图书而详考之"[2]，不仅刊刻了多种元明清畿辅水利著作，而且还编著《泽农要录》，撰述《畿辅河道管见》《管见书后》和《畿辅水利私议》，"用备刍荛之献"[3]，并希望他的著述能"附明徐尚宝《潞水客

---

[1]《畿辅河道水利丛书·畿辅河道管见·清河》。

[2]《畿辅河道水利丛书·畿辅河道管见》。

[3]《畿辅河道水利丛书·畿辅水利私议》。

谈》，我朝陈学士仪《直隶河渠志》之后"。[1]

第三，吴邦庆希望发展畿辅水田来解决人口增加带来的压力。乾隆时人口激增，粮食供应紧张，国内粮价不断持续上涨。乾隆帝为此事传谕各省督抚、布政使追究粮食供应不足的原因，据实陈奏。不久，各省督抚纷纷奏呈本省粮价上涨的原因。他们一致认为人口增长是导致粮价持续上涨的原因。[2]嘉庆时，这种情况并无改变。嘉庆二十一年（1816）吴邦庆为河南巡抚，幕僚朱云锦著《豫乘识小录·田赋说》指出："豫省国初额报成熟之田约六十余万顷，而行差人丁亦止九十余万丁，按亩计之则人可得田七十亩。"而嘉庆二十二（1817）年人口 2300 余万，额田 72 万余顷，"田无遗利，而人益滋聚。此粟米之所以昂而百物为之增价也，当事者抑末作崇俭质、开垦荒莱、兴修水利（一夫之力耕旱田三十亩，治水田不过十亩，而南之所入，水较旱可倍）。"[3]吴邦庆接受了朱云锦兴修水利的主张和建议，道光三年（1823），说："余备藩豫中，

---

[1]　《畿辅河道水利丛书·畿辅河道管见》。

[2]　赵冈等：《清代粮食亩产》，农业出版社，1995 年，第 6 页。

[3]　朱云锦：《豫乘识小录·田赋说》，见《近代中国史料丛刊》，第 37 辑。

尝计通省垦熟之田七十二万顷，而盛世滋生人口，大
小共二千余万，人数日增而田不能辟，计惟有营治水
田一法为补救之良策。盖陆田每夫可营三十亩，水田
不过十亩，而岁入倍之。"即希望以营治水田，来应对
人口增加带来的压力，这是他对人口问题的解决方案
之一。而且当时他"将檄行诸邑查报，督率垦治，而
旋奉命抚楚南，匆匆行矣，至今遗憾焉。兹将其《田渠
说》附于后，事虽无关于畿辅，然于此事亦可取资云"。[1]
即畿辅水利可以借鉴以水利田来增加产量、减轻人口
压力的思想。

　　第四，吴邦庆讲求以史学经世的治学特点。他认
为水学可从历史中获得经验，推重宋代胡安国重视治
事之遗法，他说："良史古推马、班，《史记》有《河渠
书》，河，谓河道，渠，谓水利。而班掾乃以《沟洫志》
继之，历叙汉代二百年中河流变迁，此岂《沟洫》名
篇之所能尽括！盖不惟水官失职，而水学之放废亦可
见。……窃欲分水学为二：……曰河道；……曰水利。
各采取专门著书以附之，庶成规犁然，往复讲习，可

---

[1] 《畿辅河道水利丛书·畿辅水利辑览·序》。

资世用。"[1] 讲求史学即水学史，以为当世之用，是吴邦庆学术的特点。这与后来他主持编纂《续行水金鉴》所体现的学术特点是一样的。

第五，嘉庆、道光时，京师和东南士大夫中产生了主张剔除漕弊、整顿漕运、恢复海运、讲求畿辅水利的思潮，其目的都是解决京师的粮食供应问题。魏源说："道光五年（1825）夏，运舟陆处南士北卿，匪漕莫语。"[2] 其实，在嘉庆、道光时，漕运梗阻时有发生，朝野人士多有提倡恢复海运、讲求西北华北水利等主张者。主张畿辅水利者有包世臣、唐鉴、潘锡恩，朱云锦、吴邦庆、林则徐等。包世臣在嘉庆十四年（1809）《海淀答问己巳》和嘉庆二十五年（1820）《庚辰杂著嘉庆二十五年都下作》中都提出畿辅水利主张。唐鉴在嘉庆十六年至嘉庆二十一年（1811—1816）之间著《畿辅水利备览》；林则徐在嘉庆十九年（1814）开始酝酿写作《北直水利书》[3]。朱云锦在嘉庆二十二年（1817）著《豫乘识小录》，提出"中州水利"应效法雍

---

[1] 《畿辅河道水利丛书·序》。

[2] 《筹漕篇上》，《魏源集》上册，中华书局，1976 年。

[3] 杨国桢：《林则徐传》，人民出版社，1980 年。

正间畿辅水利的成功经验。道光三年（1823）冬，泾县潘锡恩在京师宣武门西寓舍之求是斋，编成《畿辅水利四案》。吴邦庆说，道光二、三年畿辅水灾，朝廷"特简练习河事大员，俾疏浚直隶河道。并将营治水田，于是京师士大夫多津津谈水利矣"。[1] 可以说，京师宣南成为当时重要思想和学术争鸣的策源地[2]。吴邦庆身处潮流中，以他的思想和学术学识，自然关心畿辅水利。

3. 吴邦庆的畿辅水利观点和学术渊源

吴邦庆的畿辅水利观点，体现在他为宋、元、明、清畿辅水利文献所写的序、跋中，但更集中地体现在他著的《泽农要录》《畿辅河道管见》《畿辅河道管见书后》和《畿辅水利营田私议》中。《泽农要录》主要总结北方水稻种植全过程的技术，前面已述及《泽农要录》的主要内容，这里，主要谈谈他在后三篇论文中体现的对道光时兴修畿辅水利的主要认识。这些认

---

[1] 《畿辅河道水利丛书·潞水客谈·吴邦庆〈序〉》，道光三年。

[2] 白杰:《宣南文脉》，中国商业出版社，2005 年，第 126 页。

识包括几个要点：

首先，吴邦庆分析了道光时畿辅水灾的原因和畿辅水利面临的困难。他认为道光三年（1823）畿辅水灾的成因，既有自然因素，也有人事不修因素，而人事因素占更多的成分。[1]道光三年畿辅水利面临的困难有三，即调查水道脉络难，工夫难，坚持而力行难。[2]

其次，吴邦庆提出了畿辅河淀的治理方案。治理永定河应以改道就北岸为方法。两淀各设浅夫，挖泥筑堤，以堤之高下，量泥之多少，以泥之多少，知河之浅深；[3]永定河支流白河水浅，运船遇浅，年年有起剥之累。他认为，筑堤束水于水小时有益，暴涨则冲决为害。他建议引凉水河、凤河、龙河，增加北运河水量，设立闸座或挖槽筑堤，使"三河之流全行济运"[4]。北运河有两减河，南运河四减河（山东恩县四女寺减河、德州哨马营减河、直隶沧州捷地减河、青县兴济减河）分隶两省，而下游较上游吃重。他建议挑挖四

---

[1] 《畿辅河道水利丛书·畿辅水道管见·书后》。

[2] 《畿辅河道水利丛书·畿辅水道管见·书后》。

[3] 《畿辅河道水利丛书·畿辅水道管见·书后》。

[4] 《畿辅河道水利丛书·畿辅河道管见》。

减河，使水道通畅，"惟地属两省，若挑挖后，互相验收"，才能收到实效[1]；静海县权家庄、香河县王家务以上宜各添设减河各一道，使南北运河共有八道减河，各自通海，其势既分，而狂澜自静，"使水多一入海之路，即津门少受一分之水"。附近涸出之地，时旱则可补种杂粮疏菜，即迟亦可播种二麦。[2]大清河流域的安州、文安洼，地形如釜，四面积潦，有涸消而无疏放。又逼近东西两淀，盛潦时往往疏消不畅，漫溢为灾。文安城郭，半浸水中。他建议在保定县开新减河一道，分泄水流；西淀附近安州、东淀附近文安等处，仿照丹阳湖太平圩、永丰圩，设立圩田"护田以防水，非占水而为田也"，使接堤成围，以围护堤，或更筑涵洞，引水成渠，可权且兴修水利。[3]滹沱河的治理，应在藁城、晋州之间修筑堤坝，障其南流，使宁晋泊不受其淤垫。[4]

第三，吴邦庆提出了道光三、四年（1823、1824）

---

[1] 《畿辅河道水利丛书·畿辅河道管见》。

[2] 《畿辅河道水利丛书·畿辅水道管见·书后》。

[3] 《畿辅河道水利丛书·畿辅河道管见》。

[4] 《畿辅河道水利丛书·畿辅水道管见·书后》。

发展畿辅水利的具体步骤，即清核、定议、估计、派修。清核，即弄清水道原委和顷亩坐落。按照《畿辅通志》所载营田府册图，绘制水田州县舆地图，注明各县河泉坐落、水田地积，水泉现状、闸堤涵洞渠口遗址或现状，按图填写呈报，再派员并会同县佐贰及学官持图勘察，查竣禀报，再核对州县所申报的图册，是者依之，讹者改之，草率应付者申饬之，到齐汇为总册，则得到水田坐落处所、顷亩实数，或昔有今无的实际情形。定议，即确定畿辅水利治理方案，或宜闸宜渠，或宜分宜合。根据畿辅水性、水道和土地情形，确定用水之法。委派人员与乡耆并用，因为水滨老年土人熟悉水势旺弱，但乡里人士多为一隅起见，或地居上游而不顾下游，或欲专其利则不顾同井，故须委派人员与乡耆并用，共同商议确定各处所宜的工程，或建闸蓄水，或开渠分流，或设涵洞分润，或浚陂泽防水猛，或筑塘备旱，或设围成田。并把商议的工程项目，呈报大府，等待裁定，同时张榜公布，有异议者须呈报委员。务期有利无弊，众议咸同。估计，即估算工程费用、预算，遴选委派熟悉工程人员，实地勘察，计算开河深广丈尺、里数、银钱费用，闸坝涵洞应用石灰、工费、银钱，其他如建围、开塘、挑挖淤浅所需工夫及钱米，并占用旗、民地亩数，开明汇报，审核，然后汇成总册。派修，即按等派修，按照工程费用多寡，分为等次。大工，借支官项（官方款项），将来以获利地亩带征还款；次工，可由富户或急公好义者，捐资办理。如果官民认修工段，官员议叙，民人加奖赏；零星小工，则派用水各村庄，通力合作，克期完工。工程竣工后，要设渠长或闸夫，制定用水则例，以杜绝争端，设立专职巡行。同时提出了占地、种植和管理方面的建议。对于占用旗、民地亩，或照时价购买，或以官地抵补，或将附近地亩抽补。佃种官地、旗地，宜官为立案，修成水利后，租价仍照现在旱田之数，不用增加。地成之后，但资灌溉之利，不必定种粳稻，察其土之所宜，黍稷麻麦，听从其便。开渠则设渠长，建闸则设闸夫，闸头严立水则，以杜争端。设立专职，以时巡行。地方官勤力劝导，水田增辟者，则加以鼓助。[1] 他认为道光时畿辅水利的目标是，使径流入海之道，宽敞有余，支流野潦，归河旧泊之路，毫无阻滞，

---

[1] 《畿辅河道水利丛书·畿辅水利营田私议》。

畿辅平水年无泛滥，大汛期水可迅速疏消，高田丰收，低田可补种。[1]

吴邦庆对道光时畿辅水利的主要观点即如上述。他对畿辅水利的观点，与他人认识有何异同？他这种观点的学术渊源是什么？

与元明清讲求畿辅水利者相比，吴邦庆与他们的大旨相同，即都主张发展畿辅水利，使京师就近解决粮食供应问题，减少东南漕运。但不同之处在于，第一，吴邦庆更多地从关注桑梓利害出发，来讨论畿辅水利，因此，他对直隶的水土问题、农业种植问题更了解，提出的建议主张更具有操作性；吴邦庆关注人口问题，倡议以水利田来缓解人口增长对土地的压力。第二，他不仅研究了畿辅地区的水利之法，提出了治理畿辅河道的方案，更重视兴修畿辅农田水利的具体步骤，认为考察现在水利建置设施，指明具体入手方法，比讲求兴修畿辅水利的重要性更重要[2]。第三，他著《泽农要录》，专门论述畿辅农田水利的全过程技术，因此更有操作性。

---

[1] 《畿辅河道水利丛书·畿辅水道管见·书后》。

[2] 《畿辅河道水利丛书·畿辅水利营田私议》。

造成这种异同的原因在于，吴邦庆既继承了前代讲求畿辅水利者的思想遗产，又有他自身的条件，如：他家居霸州，而关注桑梓利害；身为巡抚大吏，而关注人口和土地问题。而前人关于畿辅水利的实践和认识、担当河漕之差职的实践、幕僚朱云锦的著述，都对他的畿辅水利思想有影响。同时，他更多地接触周围农民，更注重技术的可操作性；他是直隶人，在发展北方水利方面更讲究可行性等。

吴邦庆的学术观点，首先源于陈仪，来源于前代讲求畿辅水利者如何承矩、虞集、徐贞明等，但他有补充和发展。由于地缘、亲缘、举缘等关系，吴邦庆接触陈仪著作较早，但居官后开始重视陈仪关于畿辅河道的著述："其大旨则《志》中所称'欲治河莫如先扩达海之口，欲扩海口莫如先减入口之水，洵可谓片言居要矣。"[1]

陈仪对畿辅河道水利的认识得诸实践，"盖公居文安城，而祖居则在东淀旁之西马头。又自登贤书后，游于津门者迨二十年，计其扁舟往返，目睹利病者已久，

---

[1] 《畿辅河道水利丛书·直隶河渠志·吴邦庆〈跋〉》。

一旦获佐营田之任，遂抒其素蕴以为施设，所谓成竹在胸，遂能迎刃而解者，故其《论扩海口》《论治淀》，虽元郭太史、明潘印川殆无以易之"[1]。陈仪家在文安，祖居在东淀旁，中进士后，经常到天津去，了解直隶水患原因；为营田使后，积极实施其水利思想。其畿辅水利思想，比郭守敬、潘季驯的更具体，更有可操作性。

吴邦庆重视陈仪对畿辅水道水利营田的贡献，并重视陈仪的畿辅河道水利文献。但是，他不同意陈仪对永定河和文安河堤的意见。陈仪《永定引河下口私议》主张引永定河南下，束以堤防，使永定河、东淀无淤垫。吴邦庆认为永定河含沙量多，束堤则流急，泥沙俱下，势分溜散，必淤无疑。所以，他主张治理永定河，应以改道就北岸为方法。陈仪《文安河堤事宜》，继康熙三十三年（1694）署县令徐元禹后，仍主张在保定立闸引水防旱，在龙堂湾立闸泻涝。吴邦庆认为淀身高于陆地，沟渠难泻淀中，主张文安三面立堤，并于保定东开减河，减河设堤堰，两旁为围田，借堤为围，借围护堤，围内有田三百顷，村落千家，

---

[1]《畿辅河道水利丛书·陈学士文钞·吴邦庆〈跋〉》。

春暇修围，汛期防汛。[1]

吴邦庆最敬佩徐贞明《潞水客谈》，认为其调查水利状况的方法最重要，"不得其源流消长及其水力所及，曷由定其宜分渠、宜建闸、宜建坝之用法乎！"[2]但不同意徐贞明的用水之法，"若畿辅诸大川，……当别有疏浚之法，在读是书者，慎无拘于是说哉"，并为徐贞明不能消除北人惧加赋之累而感到惋惜。对此，他提出了自己的建议。此外，畿辅水利的利水之法，也得诸前人文献和实践的启示，如霸州台头村营田事实和从方苞《望溪文集》内《与山东李巡抚书》中得到江南圩田法，建议道光时在安州、文安等处，设立圩田。[3]

其次，得诸实践，特别是他担当河漕之差职时的经验。他曾实验过漳水含沙量："前在丰乐镇取漳水注缶中验之，二尺之水澄清后，泥不过分许"，得出结论，永定河含沙量大于漳水[4]。他自述：嘉庆十五年（1810）奉命巡视东漕（南运河），兼有协办河道之责，湖河

[1] 《畿辅河道水利丛书·陈学士文钞·吴邦庆〈跋〉》。

[2] 《畿辅河道水利丛书·潞水客谈·吴邦庆〈跋〉》。

[3] 《畿辅河道水利丛书·畿辅河道管见·清河》。

[4] 《畿辅河道水利丛书·陈学士文钞·吴邦庆〈跋〉》。

蓄泄机宜，皆预参议。[1] 十九年（1814）奉命偕穆彰阿督浚北运河[2]，注意到北运河堤坝外农民的一种凿井奇法。[3] 又往来江淮间，观览于淮黄交汇，见清浊钳制之势。嘉庆二十四年（1819），马营坝工，曾奉命驰往查工，得从诸执事聆听其议论，心识之。从他的履历中，可又看出他观察其他河道的治理方法，并把他学到的水利水学，用到解决畿辅水利问题上。

他还从水利技术人员那里学习到治水之道："尝闻之于老都水者曰：'治水之道，水小而能使之大，水大而能使之小，始有济于河道。'"每绎其言，而知广来源就能使小水变大水，疏去路能使大水变小水。于是针对南北运河春夏多苦浅涩，而夏秋多苦泛滥的状况，于是建议引凉水河、凤河、龙河以增北运河水流，障丹水全归卫河以济南运河，增加南北运河减河为八，使南北运河共有减河八道，各自通海，其势既分，狂澜自静，"使水多一入海之路，即津门少受一分之水"[4]。

---

[1]《畿辅河道水利丛书·畿辅水道管见·书后》。

[2]《畿辅河道水利丛书·畿辅河道管见·南运河》。

[3]《畿辅河道水利丛书·泽农要录·用水第九前言》。

[4]《畿辅河道水利丛书·畿辅水道管见·书后》。

最后，幕僚朱云锦对吴邦庆的影响。吴邦庆嘉庆二十二、二十三年（1817、1818）为河南巡抚时，永清人朱云锦为他的幕僚。朱云锦对畿辅水利问题的贡献有三。其一，朱云锦考订了前人畿辅水利贡献和文献，欲撰述畿辅水利书，搜集畿辅水利文献。朱云锦说："谈畿辅水利者，汉唐无论，雄霸之间，东西两淀，则宋何承矩始之，修沟洫即以限戎马，意深矣。京东沿海一带，则元虞文靖、明左忠毅皆尝建论举行，而徐尚宝《潞水客谈》尤详核切实。……子翔先生著《河渠志》，并录其奏稿移牒大意，与尚宝互发明者多，余尝妄意欲考订畿辅水利，撰为一书。"朱云锦抄录了陈仪《河渠志》、陈仪奏疏，搜集了徐贞明《潞水客谈》，并赠给"同好有心斯事者"，这当然应包括吴邦庆。这些，启发了吴邦庆编辑《畿辅河道水利丛书》。

其二，朱云锦关于畿辅的利水之法，影响到吴邦庆对这些问题的认识。道光元年，朱云锦说，畿辅河道"大约经流可用者少，故滹阳、桑干用于上流，而不用于下流，支流则为闸坝用之；淀泊则为围圩用之；水泉则载之高地，分酾用之；沿海则筑堰建闸蓄清御碱用之。至各书所载，多云招江南之农佃，愚谓淀泊沿海，则东南之法，而附近西山水泉之乡，开渠分流，则一仿西北，非西北之农人不可也。"[1] 这里，朱云锦提出五种用水方法，以及用当地农民讲求西北水利较招募江南农师为胜的观点。这是有可操作性的，并且对吴邦庆有影响。后来，吴邦庆《畿辅水利私议》提出七种用水方法、《泽农要录》卷二《田制第二》提出"因水为田之法"八种；吴邦庆《泽农要录·序》提出，要以"留心斯事者"即关心畿辅水利者，直接为畿辅农民演说用水、种植等技术，"较诸召募农师，其收效未必不较捷"[2]，这些，都受到朱云锦的影响，说明吴邦庆更关注发展畿辅水利的可行性。

其三，朱云锦《豫乘识小录·田渠说》论述水利田与人口的关系，对吴邦庆有明显的启示作用。朱云锦建议，如果要讲求水利，当事者应先行调查水利现状。这些观点对吴邦庆有影响。吴邦庆说："余将檄行诸邑查报，督率垦治，而旋奉命抚楚南，匆匆行矣，至今遗憾焉。兹将其《田渠说》附于后，事虽无

---

[1] 《畿辅河道水利丛书·潞水客谈·潞水客谈后》。

[2] 《畿辅河道水利丛书·泽农要录·序》。

关于畿辅，然于此事亦可取资云。"[1]即嘉庆二十三年（1818），吴邦庆在河南巡抚任内曾试图发文调查河南水利现状；道光三年（1823），吴邦庆把朱云锦《豫乘识小录·田渠说》收入《畿辅河道水利丛书》；道光四年（1824），吴邦庆《畿辅水利私议》提出了道光三、四年畿辅水利的具体步骤，即清核、定议、估计、派修，即是受朱云锦的启发并有发展。以上，朱云锦考订搜集畿辅水利文献、研究畿辅水利的用水方法和传播种植技术，以及举行畿辅水利要先行调查水利现状，都对吴邦庆编撰《畿辅河道水利丛书》有影响。

4.《畿辅河道水利丛书》的历史地位和影响

吴邦庆《畿辅河道水利丛书》在整个元明清时期讲求畿辅水利的著述中，处于什么地位？

第一，《畿辅河道水利丛书》是畿辅水利方面的集大成之作。元明清时期，有五六十位江南籍官员，主张发展西北华北（畿辅）水利。他们都有关于西北水

---

[1]《畿辅河道水利丛书·畿辅水利辑览·序》。

利畿辅水利的著述。清代，许多讲求畿辅水利者在其撰述中，多追记宋元明人们的相关论述，但专门搜集、刊刻前人西北华北（畿辅）水利著述的丛书和类书不多。嘉庆、道光时出现了多种畿辅水利专著，如唐鉴《畿辅水利备览》、潘锡恩《畿辅水利四案》、吴邦庆《畿辅河道水利丛书》、林则徐《畿辅水利议》。这些著作各有其体例特点。唐鉴《畿辅水利备览》河道图多、考证多，引证文献多，著述文字少；而且，唐鉴引证文献，目的是证成己说。潘锡恩《畿辅水利四案》是关于雍正、乾隆两朝直隶水利的专题档案的汇编。林则徐《畿辅水利议》亦引用前人文献证成己说。但吴邦庆是有意识地搜集、整理、编排、刊刻前人西北华北（畿辅）水利文献，并且非常注重畿辅水利的可操作性。《畿辅河道水利丛书》是畿辅水利方面的集大成之作。

第二，元明清时，主要是江南籍官员讲求西北华北（畿辅）水利，元明两朝北方一些官员反对发展西北华北（畿辅）水利。清代这种情况有所改变。首先，除了江南籍官员倡导发展西北华北（畿辅）水利外，还有两三位北方官员学者，出于桑梓利害等众多因素的考虑，倡议或参与发展畿辅水利一事。雍正时参与畿辅水利规划工作的陈仪，是直隶文安人；嘉庆时主张发展畿辅水利的朱云锦，是永清人；吴邦庆是霸州人。其次，朝廷中不支持，乃至反对畿辅水利者中，有南方官员如陶澍、程含章、李鸿章等。这种情况的出现表明，发展西北华北（畿辅）水利，不仅是江南籍官员的理想和主张，而且是南北关心国计民生的官员共同关注的问题；这个问题已经不是一个区域性的问题，而是全国性的问题；不是一个简单的粮食生产和运输问题，而是一个国家粮食安全问题。在这种转变中，出现了多种畿辅水利著述，而吴邦庆《畿辅河道水利丛书》是一个标志性之作，它标志着北方官员开始关注畿辅水利。

吴邦庆《畿辅河道水利丛书》对道光四年（1824）的畿辅水利，没有什么直接的影响。道光三年（1823），朝廷命程含章署工部侍郎，"办理直隶水利事务"，虽然不能说是所托非人，但是程含章奉命办理直隶水利，只是兴办九项大工程，没有进行农田水利建设，除了因为他"寻调仓场侍郎。五年授浙江巡抚"[1]，恐怕与他

---

[1] 《清史稿》卷三八二《程含章传》。

反对发展北方水利的态度[1]，不无关系。

江苏巡抚林则徐比较重视《畿辅河道水利丛书》。道光十五年（1835）十二月，江苏巡抚林则徐请桂超万校勘《北直水利书》[2]。不久，桂超万《上林少穆制军论营田疏》云："敬读赐示《畿辅水利丛书》并《四案》诸篇，旷若发蒙。窃谓天下至计，无逾于此。"[3] 林则徐不仅请桂超万校刊自著《北直水利书》即《畿辅水利议》，还把潘锡恩《畿辅水利四案》、吴邦庆《畿辅河道水利丛书》刊本送给桂超万阅读。桂超万阅读后，认识到举办畿辅水利的必要性。

从吴邦庆个人任职经历说，嘉庆十五年（1810）开始的河漕差遣和巡抚经历，促成了他编著《畿辅河道水利丛书》，而《丛书》的编纂刊刻，对他的任职，亦有间接促成作用。道光九年（1829），吴邦庆开始任漕运总督职务，运河漕运三届安澜。道光十二年至十五年（1832—1835），为河东河道总督。虽然他关于

---

[1] 程含章：《覆黎河帅论北方水利书》，见《清经世文编》卷一〇八《工政十四·直隶水利中》。

[2] 《林则徐集·日记》，中华书局1962年。

[3] 桂超万：《上林少穆制军论营田疏》，见《皇朝经世文编续编》卷三九《户政十一·屯垦》。

畿辅水利的建议，朝廷上并没有采用，但是当他为河东河道总督时，他在职权范围内，实践了兴修水利的主张。山东运河全依泉源灌注，吴邦庆请复设泉河通判，以专责成。寿东汛滚水坝外旧有土坝，为蓄汶敌卫，以利漕运，大水时，乡民私开，以致酿成大祸，他奏立志桩。济运之水以七尺为度，重运过浚，他开堰以利农田灌溉。以在任三届安澜，授予编修。修防之暇，率下属捐资造水车，并于积水地试行垦治七千亩。[1]

---

[1] 《清史稿》卷三八三《吴邦庆传》。

四、林则徐《畿辅水利议》及其实践

　　林则徐（乾隆五十年至道光三十年，1785—1850），福建侯官人。嘉庆十六年（1811）进士。先在京师任职近 10 年，嘉庆二十五年（1820）外放任浙江杭嘉湖道后，修海塘，兴水利。道光二年（1822），署浙江盐运使，协助浙江巡抚帅承瀛整顿盐政 [1]。此后历任地方督抚近 30 年。他在江苏时间最长，前后达 14 年。在广东任钦差大臣和两广总督 2 年。遣戍新疆伊犁 5 年。林则徐编著的《畿辅水利议》，是道光时四大畿辅水利论著之一。

　　林则徐一生极为关注畿辅水利，约嘉庆二十四年（1819）萌生发展畿辅水利思想，道光十一或十二年（1831 或 1832）撰成《畿辅水利议》，先后请冯桂芬、

――――――――――

[1]　白寿彝总主编，龚书铎主编：《中国通史》第十一卷《近代前编》（1840—1919）（下）。

114

桂超万校刊此书。道光十四、十五年（1834、1835）曾表示欲于入京觐见时"将面求经理兹事，以足北储，以苏南土"。道光十七年（1837）二月觐见时，陈述直隶水利事宜十二条。道光十九（1839）年十一月初九日，林则徐于钦差使粤任内上奏，讨论"办漕切要之事"，提出解决漕运问题的四条主张，其中"开畿辅水利"是"本源中之本源"。道光二十二、二十三年（1842、1843），林则徐在遣戍伊犁期间，还认捐了一些水利工程。学术界对《畿辅水利议》，已有研究和认识[1]。现在，仍有一些问题，需要进一步研究，如《畿辅水利议》编纂起讫时间、校勘和进奏情况；林则徐提倡发展畿辅水利的现实原因和历史渊源；与当时朝野重要思潮的关系；他的朋友、同年、同僚如唐鉴（编著《畿辅水利备览》）、潘锡恩（编著《畿辅水利四案》）、吴邦庆（编著《畿辅河道水利丛书》）对林则徐的影响；林则徐的畿辅水利思想，与前代、同时代讲求畿辅水利者思想的异同；等等，这些都是比较重要的问题。这些问题

---

[1] 狄宠德：《析〈畿辅水利议〉谈林则徐治水》，《福建论坛》1985年6期；苏全有：《试论林则徐的农业水利思想及实践》，《邯郸师专学报》1996年2期；杨国桢：《林则徐传》，人民出版社，1981年；来新夏：《林则徐年谱》（增订本），上海人民出版社，1985年。

的解决，有助于全面认识林则徐，及元明清时期江南籍官员关于发展畿辅（华北）西北水利思想的历史地位，对今天的西北开发有借鉴意义。

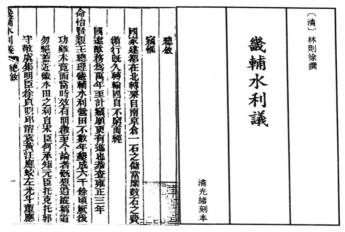

《畿辅水利议》清光绪刻本，图片源于爱如生

中国基本古籍库

1.《畿辅水利议》的体例特点和撰述主旨

《畿辅水利议》卷首为《序》，全书分为十二个门类：开治水田有益国计民生、直隶土性宜稻有水皆可成田、历代开治水田成效考、责成地方官兴办毋庸另

设专官、劝课奖励、轻科缓则、禁扰累、破浮议惩阻挠、田制沟洫水田稻种、开筑挖压田地积亩摊拨、禁占垦碍水淤地、推行各省。这十二个门类的题目，就是林则徐关于畿辅水利的具体主张和实施办法。实际上，这些内容，在前人和同时代人关于畿辅水利的著述中都有零散的论述，但只有林则徐才明确地提出了这些问题，并使之有条理，从必要性、可行性、历史经验，到具体步骤、应对反对派的声音、拨补水田占地及最终推广，都有明确的意见。

全书内容分十二个门类，每个门类下都有两部分。一是征引前代特别是元明清讲求西北华北（畿辅）水利的文献。他征引的文献，除了少量的历代正史中有关前人畿辅水利事迹的志、传，如《宋史·何承矩传》《明史·徐贞明传》外，主要征引元明清畿辅水利文献，如丘濬《大学衍义补》、周用《东省水利议》、徐贞明《潞水客谈》、冯应京《国朝重农考》、徐光启《农政全书》、袁黄《宝坻劝农书》、汪应蛟《滨海屯田疏》、左光斗《屯田水利疏》、许承宣《西北水利议》、沈梦兰《五省沟洫图说》、徐越《畿辅水利疏》、陆陇其《论直隶兴除事宜书》、李光地《饬兴水利牒》、蓝鼎元《论北直隶水利书》、陈仪《后湖官地议》、王心敬《井利说》、柴潮生《敬陈水利救荒疏》、陈黄中《京东水利议》、毕沅《陕省农田水利疏》、刘于义《南府水利疏》、孙嘉淦《覆奏消除积水疏》、范时纪《京南洼地种稻疏》、汤世昌《西北各省疏筑道沟疏》，沈联芳《邦畿水利集说总论》《大清会典》《一统志》《畿辅通志》《畿辅安澜志》，允祥《京东水利情形疏》《京西水利情形疏》《请磁州改归广平疏》《请定考核以专责成疏》以及雍正、乾隆帝的谕旨等。

二是林则徐的案语。这部分，林则徐谈其发展华北西北各省水田的认识和具体主张。他主张，水稻亩产数倍旱田，故畿辅应发展水稻生产："农为天下本务，稻又为农之本务，而畿内艺稻又为天下之本务。""今畿辅行粮地六十四万余顷，稻田不及百分之二，非地不宜稻也，亦非民不愿种也。由不知稻田利益倍蓰旱田也。"[1] 他认为，发展畿辅水稻生产有多种好处："北米充仓，南漕改折，国家岁省浮费万万，民间岁省浮费万万"[2]，"上裨国计者，不独为仓储之富，而兼通于

[1] 《畿辅水利议·开治水田有益国民计生》。
[2] 《畿辅水利议·破浮议惩阻挠》。

屯政、河防；下益民生者，不独在收获之丰，而并及于化邪弥盗"[1]。即发展畿辅水稻生产，可以解决京师粮食供应问题，而且可以节省国家和民间经费，并有益于屯政、河防、民生和治安等。他设想，先兴办直隶水利田，俟有成效后，向山、陕、豫、东诸省推广，"东南可借苏积困，而西北且普庆屡丰"[2]。他还提出了一些观点，如"有一水即当收一水之用，有一水即当享一水之利者也"；[3] "辨别土性，择稻种以适气候之宜"；[4] "用水者，与水争地，而水违其性，水利失，水患滋矣"；[5] "舍尺寸之利，而远无穷之害"。这些观点，在今天仍有重要的参考价值。

林则徐主张发展畿辅水利，其根本目的，是使京师就近解决粮食供应问题，并使南漕改折，节省漕务经费、河工经费，最终解散漕船和水手。其主旨在《畿辅水利议》卷首《序》中，表述得最明确。《序》云：

---

[1] 《畿辅水利议·开治水田有益国计民生》，光绪丙子三山林氏刻本。

[2] 《畿辅水利议·推行各省》。

[3] 《畿辅水利议·直隶土性宜稻有水皆可成田》。

[4] 《畿辅水利议·田制沟洫水器稻种附》。

[5] 《畿辅水利议·禁占垦碍水淤地》。

窃维国家建都在北，转漕自南，京仓一石之储，常糜数石之费。奉行既久，转输固自不穷。而经国远猷，务为万年至计，窃愿更有进也。

恭查雍正三年命怡贤亲王总理畿辅水利营田，不数年，垦成六千余顷，厥后功虽未竟，而当时效有明征，至今论者慨想遗踪，称道弗绝。盖近畿水田之利，自宋臣何承矩，元臣托克托、郭守敬、虞集，明臣徐贞明、邱浚、袁黄、汪应蛟、左光斗、董应举辈，历历议行，皆有成绩。国朝诸臣章疏、文牒，指陈直隶垦田利益者，如李光地、陆陇其、朱轼、徐越、汤世昌、胡宝瑔、柴潮生、蓝鼎元，皆详乎其言之。

以臣所见，南方地亩狭于北方，而一亩之田，中熟之岁，收谷约有五石，则为米二石五斗矣。苏松等属正耗漕粮年约一百五十万石，果使原垦之六千余顷，修而不费，其数即足以当之。

又尝统计南漕四百万石之米，如有二万顷田，即敷所出。倘恐岁功不齐，再得一倍之田，亦必无虞短绌。

而直隶天津、河间、永平、遵化四府州可作水田之地，闻颇有余，或居洼下而沦为沮洳，或纳海河而延为苇荡，若行沟洫之法，似皆可作上腴。

臣尝考宋臣郏亶、郏乔之议，谓治水先治田，自是确论。直隶地方，若俟众水全治而后营田，则无成田之日，前于道光三年举而复辍。

职是之故，如仿雍正年间成法，先于官荡试行。兴工之处，自须酌给工本，若垦有功效，则花息年增一年。譬如成田千顷，即得米二十余万石，或先酌改南漕十万石折征银两解京，而疲帮九运之船便可停造十只。此后年收北米若干，概令核其一年之数折征南漕，以为归还原垦工本及续垦佃力之用。

行之十年，而苏、松、常、镇、太、杭、嘉、湖八府州之漕，皆得取给于畿辅。如能多多益善，则南漕折征岁入数百万。而粮船既不需报运，凡漕务中例给银米，所省当亦称是，且河工经费因此更可大为撙节。上以裕国，下以便民，皆成效之可卜者。至漕船由渐而减，不虑骤散水手之难，而漕弊不禁自除，绝无调剂旗丁之苦。朝廷万年至计，似在于此[1]。

　　谨荟萃诸书，择其简明切要可备设施者，条列事宜，折为十二门，……凡所钞辑，博稽约取，匪资考古，专尚宜今。冀于裕国便民至计，或稍有裨补云。臣林则徐谨叙。[2]

在1000字左右的《序》里，林则徐论述了畿辅水利的6个问题。

　　第一，回顾了宋元明清江南籍官员提倡西北水利的主张，及雍正间畿辅水利实践的成功。

　　第二，论证了发展畿辅水利的必要性。国家建都北京，转漕自南，运输费用巨大，非经国大计。而漕运的制度性弊端，以及河工经费浩大等，都使发展西北华北（畿辅）水利成为关系国计民生的大问题。假使恢复雍正年间水田6000顷，亩收稻谷5石（米二石五斗），则可得米150万石，可折抵苏松等属一年的

---

[1] 冯桂芬:《校邠庐抗议·兴水利议》，中州古籍出版社，1998年。此下为"可否饬下廷臣及直隶总督筹办之处。伏候圣裁"。

[2] 《畿辅水利议·序》。

正耗漕粮。即使按最低亩产一石计，发展直隶水田 4 万顷，就可以收获 400 万石。这样，不仅可以就近解决京师根本大计，而且可使南漕改折、征银解京，停造漕帮粮船，并且节省漕务经费、河工经费，最终解散漕船和水手。

第三，分析了发展畿辅水利的可行性，即京东天津、河间、永平、遵化四府有发展水田的条件。

第四，提出了举行畿辅水利的步骤和方法。先在官产芦苇荡试行，酌给工本，并以南漕改折银两归还工本及续垦之用。试行成功，再推广到畿辅地区。

第五，提出了他对畿辅治水与治田关系的认识，即"治水先治田"，"直隶地方，若俟众水全治而后营田，则无成田之日"。惋惜道光三年畿辅水利的半途而废。

第六，胪列了《畿辅水利议》的 12 门类，解释了此书的编纂原则是"博稽约取，匪资考古，专尚宜今"。

以上这些意见，前代或同时代讲求畿辅水利者，多已涉及。如嘉庆时，包世臣就提出北米充仓南漕改折之说，即畿辅开田四万顷，则租入可当全漕数额，

可以减少南漕数量 [1]。唐鉴估算，西北六省有田一千零八十万顷，应征赋粮五千万石，二分征本色，岁可征粮一千万石；八分征折色，每石折银四钱，折色银有一千六百万两。西北（即京师）不仰给东南，则东南之漕可酌改为折色，而每岁漕运经费亦可裁撤，约得银不下数千万两，于现在常额外，粮多至千万石，银多至千万两。[2]

林则徐在 1000 字左右的《序》中论述了讲求畿辅水利的历史，发展西北水利的必要性、可行性、步骤、方法等问题，是高度概括的，易于为人所掌握。

2.《畿辅水利议》的编纂、校勘和进奏

林则徐何时开始编纂《畿辅水利议》？这是一个有争议的问题。杨国桢先生说，现存《畿辅水利议》刻本所引用档案资料甚多，不可能从外省获得，由此断定《畿辅水利议》写作时间始于京师时期。[3] 大约嘉

---

[1] 包世臣：《中衢一勺》卷三《庚辰杂著四》。

[2] 唐鉴：《畿辅水利备览·臆说》。

[3] 杨国桢：《林则徐传》，人民出版社，1981 年。

庆十九年（1814），林则徐酝酿写作关于西北水利的著作。[1]来新夏先生说，嘉庆二十一年（1816），林则徐在翰林院清秘堂办事，撰拟诏旨。林则徐在做文字工作时，有机会接触到内阁秘藏的图书，丰富了政事、典制知识，并进行了一定的研究。《畿辅水利议》的资料搜集工作，可能开始于嘉庆二十一年。[2]

以上两家之说，有一定道理，也不尽然。嘉庆十八年（1813）五月初九日林则徐入庶常馆学习清文（满文），与同乡郭尚先交最莫逆，"相与研究舆地、象纬及经世有用之学"[3]。林则徐在翰林院时，当读"历代文献、我朝掌故，史臣所必当通晓者"。[4]十九年（1814）四月庶吉士散馆，授编修，七月派充国史馆协修，二十年（1815）承办《一统志·人物名宦》部分。林则徐在史馆时，才能读《实录》和奏章，所以推测此书写作始于嘉庆十九年，大致不错。而在翰林院清秘堂办事时"究心经世学，虽居清秘，于六曹因革事例，

---

[1] 杨国桢：《林则徐传》，人民出版社，1981年。

[2] 来新夏：《林则徐年谱》（增订本），上海人民出版社，1985年。

[3] 来新夏：《林则徐年谱》（增订本），第37页。

[4] 杨国桢：《林则徐传》，人民出版社，1981年，第23页。

用人行政之得失，综核无遗"[1]。所以，推测此书始于嘉庆二十一年（1816）林则徐在翰林院清秘堂办事时期，亦大致可信。

但以上两家之说，都只是推测其开始编撰时间，未指出其成书时间。《畿辅水利议》所引清代档案资料不多，只有康熙、雍正、乾隆上谕，怡贤王允祥、刘于义、孙嘉淦、范时纪、汤世昌、胡宝瑔、毕沅等的奏疏。这些奏疏，在道光三年潘锡恩《畿辅水利四案》、道光四年吴邦庆《畿辅河道水利丛书》中都有收录，道光六年，贺长龄、魏源等编定《清经世文编》，其中亦搜集有上述奏疏。林则徐在道光五年至十一年（1825—1831）、十二年（1832）前后持有前两种书的刻本。道光九年（1829）江宁布政使贺长龄刊刻《清经世文编》[2]。林则徐与贺长龄、魏源都有交往，林则徐或得其赠书，或借阅相关卷次。总之，由于现存林则徐《奏稿》《日记》及其他人著述，都没有提供这方面的线索，所以没有直接证据来断定《畿辅水利议》开

---

[1] 李元度：《国朝先正事略》卷二五《林文忠公事略》，光绪乙未上海点石斋缩印本。

[2] 李瑚：《魏源研究》，朝花出版社，2002年，第313页。

始撰写的时间。所以，也就无法确定两家之说，哪一种更为可靠。只能说林则徐于嘉庆十九年（1814）开始，接触到内阁秘藏图书、史馆藏书，为他日后编撰《畿辅水利议》做了资料方面的准备。

林则徐提倡发展畿辅水利，言下之意是目前畿辅水利荒废。他主张北米充仓，南漕改折，言下之意是南漕积弊多多。关于畿辅水利荒废、漕运弊多利少的这些观念，林则徐当然可以从文献中了解，但只有当他耳闻目睹南漕积弊多多、畿辅水利荒废问题后，才能使他继承前人思想遗产，产生提倡发展畿辅水利的思想。否则，他极可能会像陶澍一样认为发展畿辅水利迂阔不可行。

那么林则徐何时从实际中了解了漕运弊端和畿辅水利失修问题？这应当从他的经历中寻找答案。嘉庆时，林则徐三次由福建往京师参加会试，一次往京师进庶常馆学习、一次由京师前往江西主持乡试、一次往云南主持乡试，由沿途所见，既感受到漕运的艰难，又发现京畿水利荒废的状况。如嘉庆十七年（1812）十一月开始起程进京，在南京、扬州、宝应等，他分别拜访两江总督百龄、漕运总督阮元等大吏；十八年（1813）二月十八日改搭粮船北上，舟行二月余；五月初一抵天津，初六抵京。林则徐《日记》逐日详细记载了所经闸河名称和日行里数，见识了江南和山东运河水浅舟挤、闸坝各有启闭开放时刻、水长舟行、粮船挨帮、遇浅搬米起剥等诸多漕运困难。[1] 道光二年（1822）三月林则徐由福建家乡启程北上京师，五月得旨南下署浙江盐运使，这北上和南下，都经由运河，他谒见当时漕运总督颜检、东河总督黎世序和严烺、浙江巡抚帅承瀛、山东兖沂漕道贺长龄等，又再次亲身感受到漕运艰难，在瓜洲口，过由关，他见"江西、湖广粮艘在此停泊，拥挤难行"[2]。这种经历，至少使他能体会到漕运的艰难。林则徐道光三年（1823）任江苏按察使，四年任江苏布政使、江宁布政使，五年四月赴南河督工，道光十一年（1831）、道光十二年之交担任河东河道总督时，亲身体会到江南民生疲敝、河工艰难、漕运弊端。如道光三年六月林则徐在江苏按察使任内，他就表示反对"只顾钱漕，玩视民瘼"的做法[3]，道光

[1]《林则徐集·日记》，中华书局，1984年，第7—16页。

[2]《林则徐集·日记》，中华书局，1984年，第88页。

[3]《复常熟杨氏兄弟论灾务书》，见《云左山房文钞》卷四。

五年（1825）四月以素服到南河督工时，他又感到"原知此工不独目前难办，抑且后患无穷"[1]，这种体验，使他寻求解决江南民生疲敝、河工艰难、漕运弊端的根本方法和补救措施。补救措施不外是救济江南灾民、减缓江南漕赋、海运南漕；而根本方法，则是发展畿辅水利，就近解决京师粮食供应问题，即足北储，苏南土，省河工经费，漕弊不禁自绝。

林则徐在嘉庆二十一年（1816）闰六月，充派江西乡试副考官，二十四年（1819）闰四月派充云南乡试正考官时，沿途亲见畿辅水潦，受水潦之苦。他途经三家店、新城，"闻所住之处，数日前水及半扉"[2]；在白沟"途中大水，将肩舆载粮船中，由水路行"[3]；在任丘"连日所过之处，田禾俱甚畅茂，此地尤美"[4]；在景州，"水深处直至腹背，舆夫十余人扶拥而前，几同凫浮"[5]。

林则徐不仅亲身体会到水潦之苦，而且目睹直隶

---

[1] 《林则徐书札·复梁芷庭观察书》。

[2] 《林则徐集·日记》，第 51 页。

[3] 《林则徐集·日记》，第 51 页。

[4] 《林则徐集·日记》，第 51 页。

[5] 《林则徐集·日记》，第 51 页。

有些地区水稻种植的发达。在内邱，"远山叠翠，林木聪茂。泉润草香，道旁有稻田数亩，差具南中风致"。从杜屯至磁州二十里，"双渠夹道，其清如镜，菱荷出水，芦苇弥岸，翛然可赏。阅蒋砺堂尚书《黔轺纪行集》，知此渠乃国朝州牧蒋擢疏滏阳河成之，至今稻田资其沾溉。噫！何地不可兴利，顾司牧奚如耳"[1]。蒋砺堂，即蒋攸铦。[2]关于清代滏阳河水利，作者另有专门论文论述[3]。是否可以说，嘉庆二十四年（1819），在经直隶赴云南途中，由磁州滏阳河水利的成就，林则徐心生感慨，并萌生了发展畿辅水利的意识？只有在他萌生发展畿辅水利的意识后，林则徐才可能开始搜集相关历史文献，编撰《畿辅水利议》，明确提出发展畿辅水利的思想主张。

那么，林则徐《畿辅水利议》初稿何时成书？大约在道光四年（1824）至道光十一、十二年（1831、1832），理由如下：

---

[1]《林则徐集·日记》，第71页。

[2]《清史稿》卷三六六《蒋攸铦传》。

[3] 王培华：《清代滏阳河流域水资源的管理、利用与分配》，《清史研究》，2002年第4期。

第一，林则徐题词云："随分各勤身内事，得闲还续济时书。"[1]林则徐一生历任中外 30 余年，他何时得闲著济时书？从时间上看，大约在道光四年（1824）八月至道光十年（1830）正月间，林则徐有时间和条件编著《畿辅水利议》。除了道光五年（1825）四月至八月他以素服到南河督工，道光七年（1827）二月至四月北上京师，道光七年（1827）五月至十月任陕西按察使，林则徐大部分时间都居家守制：道光四年（1824）八月至道光五年（1825）三月，五年八月至道光七年（1827）正月，林则徐在籍为母守制养病；道光八年（1828）正月至道光十年（1836）正月，林则徐在籍为父守制。这使他有时间编撰整理他从前搜集的畿辅水利文献。林则徐的前辈、同年、同僚中，唐鉴、潘锡恩、吴邦庆等都撰述畿辅水利著作，成书时间分别在道光元年（1821）、三年（1823）、四年（1824），而林则徐得到他们的赠书分别在道光二十年（1840）、五年至十年（1825—1830）、十二年（1832）前后。关于唐鉴、潘锡恩、吴邦庆向林则徐赠书时间的考证，

---

[1] 《林则徐全集》第六册《文录》，海峡文艺出版社，2002 年，第 356 页。

下面再论述。可以说，至晚道光五年至十二年（1825—1832）间，林则徐至少读了吴邦庆《畿辅河道水利丛书》和潘锡恩《畿辅水利四案》等著作。其后，道光十五年十六年之交，林则徐请桂超万校勘《北直水利书》，并向桂超万"赐示《畿辅水利丛书》并《四案》诸篇"[1]。

第二，道光九年（1829）或十年（1830），林则徐表达了对治河、盐法等问题"上策探本原，补救特其次"的看法，与道光十九年（1839）表达的发展畿辅水利是解决漕运问题的"本源中之本源"思想一致。可以证明道光九年或十年林则徐关于畿辅水利的思想已经成熟。这要从林则徐给王凤生的题词说起。王凤生，字竹屿。道光元年至四年（1821—1824），协助浙江巡抚帅承瀛，整理浙江盐政、兴修水利。道光五年至八年（1825—1828），在南河、北河任上。道光九年（1829）三月，升为两淮盐运使[2]。道光十年（1830）闰四月至六月，林则徐在京师时期，可能写过《题王竹

---

[1] 桂超万：《上林少穆制军论营田疏》，《皇朝经世文编续编》卷三九《户政十一·屯垦》。

[2] 《两淮都转盐运使婺源王君墓表》，见《魏源集》，中华书局，第333页。

屿都转黄河归擢图》[1]，其中有云："防河固良难，煮海诅云易。……上策探本原，补救特其次。要知君所为，定与末流异。我昔亦移疾，自分宜放弃。圣慈曲体之，感极俱零啼。与君语进退，使我重嘘唏。庶持激励心，十驾勉追骥。"[2] 林则徐建议王凤生对治河、盐法改革采取"上策探本原，补救特其次"的方法，这也是林则徐道光十九年（1839）于钦差使粤任内上奏《覆议遵旨体察漕务情形通盘筹划折》以"开畿辅水利"为"本源中之本源"的最早的正式表露[3]。就是说，至晚在道光十年时林则徐对治河、盐法等，都有一个上下策的考虑，可以证明此时林则徐《畿辅水利议》正在撰述中。

第三，道光十一年（1831）十一月至十二年（1832）五月，林则徐任河东河道总督，福建友人张际亮提出，拟代林则徐撰《东河方略》来换取林则徐对他的经济资助，但林未采纳其建议。论者说，主要是林则徐感到推行新的改河方案会遇到阻力，不愿意冒昧上奏；

---

[1] 来新夏：《林则徐年谱》，上海人民出版社，1981年，第92页。

[2] 林则徐：《云左山房诗抄》卷三。

[3] 来新夏：《林则徐年谱》，上海人民出版社，1981年，第92页。

再则林则徐不久就调任苏抚，故此议被搁置。[1] 这很有道理。但仍需补充，元明清时期，保证京师粮食供应和缓解江南赋重漕重问题，大要有几种方案：剔除漕弊、海运、减缓江南漕赋、黄河改道、西北华北（畿辅）水利，这些都是非常之论，往往引起朝野争论[2]。道光五年（1825）夏秋，林则徐参与了筹备海运南粮，六年（1826）试行海运，林则徐大加赞扬海运南粮。发展畿辅水利，一举多得，使南漕改折、剔除漕弊、节省河工经费等，且前代历有成效[3]，何必再去提改河道之说而引起物议？即在他任东河河道总督或其前，以发展畿辅水利来解决漕弊河弊等问题的思想，已经成熟，无须再去新提一说，即《畿辅水利议》已成稿。

第四和第五，分别指：今本《畿辅水利议》总序所指最近史事为道光三年（1823），则此书初稿，可能成书于道光四年（1824）后；道光十二年（1832）六月，林则徐请冯桂芬入江苏巡抚署校勘《北直水利书》，则

---

[1] 来新夏：《林则徐年谱》（增订本），第 112 页。杨国桢：《林则徐传》，第 66 页注。

[2] 《林则徐书简》，第 24 页，转引自来新夏：《林则徐年谱》（增订本），第 112 页。

[3] 林则徐：《畿辅水利议·序》。

《畿辅水利议》成书当在道光十二年六月前。

初稿完成后，林则徐请冯桂芬、桂超万为他校勘。道光十二年六月林则徐开始任江苏巡抚，召冯桂芬"入署，校《北直水利书》"[1]。冯桂芬称此书为《西北水利说》："林文忠公辑《西北水利说》，备采宋元明以来何承矩等数十家言。蒙尝与编校之役，文忠又自为疏稿，大旨言西北可种稻，即东南可减漕。当自直隶东境多水之区始。……可否饬下廷臣及直隶总督筹办之处。伏候圣裁。"[2] 道光十五年（1835）十二月十一日，"桂丹盟过此，以《北直水利书》嘱其校勘"[3]。这说明，林则徐很重视这部著述。

这里需要指出，林则徐的著述，冯桂芬称为《北直水利书》或《西北水利说》，桂超万称为《畿辅水利》，今存世的光绪丙子三山林氏刻本称《畿辅水利议》，《清史稿》卷一二六《艺文志二》著录时亦称《畿辅水利议》。这是同书异名，实际是一种，初名《西北水利说》

---

[1] 冯桂芬：《显志堂稿》卷一二《跋林文忠公河儒雪辔图》。

[2] 冯桂芬：《校邠庐抗议·兴水利议》，中州古籍出版社，1998年，第112—113页。

[3] 《林则徐集体·日记》，中华书局，1962年，第214页。

和《北直水利书》，最终名《畿辅水利议》。因为元明清时期江南籍官员所说的西北，指黄河流域及其以北地区，包括今天北方和西北的各省区；他们所提倡的西北水利，分为三个步骤或范围：京东水利、畿辅（北直隶）水利、西北水利。京东水利为试行，畿辅水利为中期，西北水利为最终推广。

《畿辅水利议》成书后，林则徐一直希望上奏朝廷，并有意请求由他来主持畿辅水利事宜。但对于林则徐是否上奏，各家说法不一。[1]《国史本传》云："初，则徐之入觐也，尝胪陈直隶水利事宜十二条。"这里的时间记载不具体。冯桂芬说："林文忠公辑《西北水利说》，……将以述职上之宣庙，当国某尼之，召对亦未及，事遂不果行。"[2]冯桂芬认为没有上奏。杨国桢认为，冯说得自传闻，不一定可信。杨说有一定道理。冯桂芬是否确切知道林则徐上奏或上奏时间？冯桂芬受知于林则徐，始于道光十二年（1832），"以制举文受公知，尝招入署校《北直水利书》"。道光"丁酉（十七年，

---

[1] 杨国桢：《林则徐传》，人民出版社，1980年，第117页注②。

[2] 冯桂芬：《校邠庐抗议·兴水利议》，中州古籍出版社，1998年，第113页。《显志堂稿》卷一一《兴水利议》。

1837）送公赴金陵，遂不复见，荏苒三十余年矣"[1]。道光二十二至二十五年（1842—1845），"公驰骋绝域，犹手笺酬答无间"[2]。指林则徐遣戍伊犁时，二人犹有书信往来。冯桂芬与林则徐相见稀阔，他能否确知此事？

大约在道光十六年（1836）正月，桂超万上林则徐书信，表达了对畿辅水利的看法，八年后，他又补充说："文忠初锐意以为己任。阅此禀深然之，因未奏请。"[3]桂超万此说不确，夸大了他对林则徐的影响。理由是，《林则徐集·日记》无道光十七年（1837）正月初八日以后至月底的记载，更无觐见内容的记录，桂超万何以知道林则徐是否上奏？诚然，道光十七年二月初十，和道光十八年十一月初二日，林则徐觐见后出京至湖北，和由湖北入京觐见，都路过栾城县，桂超万都与他见面。[4]但以林则徐的身份，似不大可能告诉他太多。

杨国桢认为，林则徐第一次上奏的时间，是道光十七年正月。十六年十一月奉召入京觐见，十二月初

[1]　冯桂芬：《显志堂稿》卷一二《跋林文忠公河儒雪辔图》。

[2]　《显志堂稿》卷三《林文忠公祠记》。

[3]　桂超万：《上林少穆制军论营田琉》，《皇朝经世文编续编》卷三九《户政十一·屯垦》。

[4]　《林则徐集·日记》，第227页、313页。

一日由任所启程赴京，旧历除夕抵河间。[1] 道光十七年正月上奏。但《林则徐集·日记》无正月初八日以后至月底的记载，更无觐见内容的记录。召对的具体情况，据说是"前席咨诹越旬日，谋猷密勿人莫睹"[2]。杨国桢说，从现有材料分析，林则徐可能在道光十七年正月向道光帝陈述了直隶水利十二条，即《畿辅水利议》。[3] 这种分析，是有道理的。

这里需要补充几点：

其一，道光十五年（1835）十二月十一日，林则徐请桂超万校勘时，曾表示"入觐匪遥，将面求经理兹事，以足北储，以苏南土"[4]。既然道光十七年正月入觐，焉有不上奏之理？

其二，此次觐见，述旧职并将有新任命，林则徐很有可能陈述江苏屡次遭受水旱灾荒的严重后果，进而提出发展畿辅水利的主张。道光十一至十三年

---

[1] 来新夏：《林则徐年谱》（增订本），上海人民出版社，1985年，第177页。

[2] 杨国桢：《林则徐传》，人民出版社，1980年，第117页。

[3] 杨国桢：《林则徐传》，人民出版社，1980年，第117页。

[4] 桂超万：《上林少穆制军论营田疏》，见《皇朝经世文编续编》卷三九《户政十一·屯垦》。

（1831—1833）江苏连年水灾，道光十三年十月，林则徐写道："此邦自癸未（道光三年）已来，民气未复，辛卯（道光十一年，1831）、壬辰（道光十二年，1832）又值淫潦为患"，道光十三年春秋苦雨亘寒，不仅使黍稷秀而不实，而且使木棉不登，价钱倍蓰，"小民生计之蹙，未有甚于今日者也"，"国家岁转南漕四百万石，江以南四郡一州居其半。夫此四郡一州，地方五百余里耳，而天庾正供如是，京师官俸兵饷咸于是乎。惟薪年谷顺成，犹可为挹注耳。顾又遭此屡歉之余，国计与民生，有两妨而无兼济。向所不忍听睹之声状，过此以往，恐将滋甚。嗟乎，是固司牧者所当返人牛羊之日，而余犹苟禄窃位于此，其尚可以终日乎哉！"[1] 十一月，林则徐两次上奏，陈述江苏连年灾歉之重、钱漕之累、社会之不稳，请求缓征漕赋。道光十五年又全年亢旱，六月初十，林则徐作《祈雨祝文》；闰六月十三，林则徐作《二次祷雨祝文》，陈述江苏旱灾造成的"八哀"，即农业、农村和农民的八种困苦不堪情况。

---

[1] 《林则徐全集》第五册《文录》《绘水集》序，道光十三年十月，海峡文艺出版社，2002年。

京师粮食供应，是依赖江南漕运，还是依靠发展畿辅水利以就近解决？这正是一个问题的两个可选解决方案。林则徐关心国计与民生，觌见时报告江苏灾情，并请发展畿辅水利，这是很自然的。只是召对的具体情况，据说是"前席咨诹越旬日，谋猷密勿人莫睹"[1]。《日记》更无记载，使人颇费思量。

第二次上奏，林则徐于钦差使粤任内，在道光十九年十一月初九日（1839 年 12 月），"戌刻……单衔一折，覆奏漕务"[2]。戌时，即今北京时间晚上 7—9 点，此时他全神贯注地书写奏折，反映他虽处广州禁烟前线，仍十分关心漕运问题。这就是《覆议遵旨体察漕务情形通盘筹划折》，讨论"办漕切要之事"。他"忆往时所历情形，与原奏互相参酌"，综合了自道光四年署江苏布政使、江苏巡抚、两江总督时对漕运、漕弊、海运、灾荒、水利等问题的实践和认识，指出"苏、松之漕果治，则他处当无不治。臣前在苏省，虽历五次冬漕，只求无误正供，实不敢言无弊"，[3] 他

---

[1] 杨国桢：《林则徐传》，人民出版社，1980 年，第 117 页。

[2] 《林则徐集·日记》，第 362 页。

[3] 《林则徐集·奏稿中》。

提出了正本清源、补偏救弊、补救外之补救、本源中之本源四种治理漕运的方法，每种方法下又提出具体的解决方案。其中本源中之本源，是发展畿辅水利的主张。

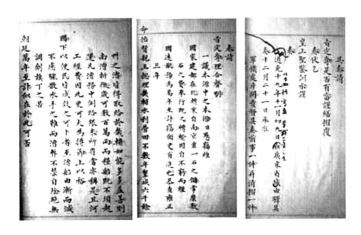

林则徐《复奏遵旨体察漕务情形通盘筹划折》，见南京大学历史系资料室藏《林氏家藏林则徐使粤两广奏稿》

道光十九年（1839）十二月，林则徐被任命为两广总督。此时英国因林则徐禁烟不断挑衅。林则徐于道光十九年年底上奏折，道光二十年（1840）三四月间，朝议已作罢。唐鉴一直希望有"明晓农务之总管以经纬之",即主持畿辅水利。但他并不知道林的上奏已被搁置。道光二十年,唐鉴致信林则徐,向林则徐陈述发展畿辅水利的必要和可能。道光二十年(1840)四五月间林则徐在广州,获悉上奏无果,他回复唐鉴:"畿辅水田之请,本欲奋捐亲操,而未能如愿,闻已作罢论矣。手教犹惓惓及之,曷胜感服。"[1] 林则徐感动于唐鉴的信任和推重。

道光二十年,英国兵船从广东沿海北上,七月到达天津大沽口,想挑起战争。道光帝被吓破了胆,要直隶总督琦善与英方谈判,表示要治林则徐重罪。道光二十一年(1841)闰三月十三,林则徐得到去浙江定海协助作战的机会,但道光帝发布命令,革掉林则徐的四品卿衔,从重发往伊犁,效力赎罪。林则徐赴戍途中,受命去河南祥符河工,襄助王鼎办理堵口工程。道光二十一年秋季,当林则徐还在河南黄河工地时,唐鉴写信给林则徐并赠书两种,其中一种是《畿辅水利备览》。

---

[1] 《林则徐全集》第七册《信札》第205《致唐鉴》,道光二十年四五月间于广州。

经过半年辛苦治理，次年，开封附近的决口被成功堵住，但道光帝违反以功赎罪的成例，仍令林则徐奔赴伊犁戍所。次年夏季，林则徐在荷戈西行伊犁途中，在西安，给唐鉴复信："去岁九秋，在河干得执事手书，并惠大著两种。……所辑《水利书》援据赅洽，源流贯彻。……老前辈大人撰著成书，能以坐言者起行，自朝廷以逮闾井，并受其福。岂非百世之利哉！"高度评价《畿辅水利备览》。林则徐表示："侍于此事积思延访，颇有年所，而未能见诸施行，窃引以为愧。"[1] 对此，林则徐表示很惭愧。但林则徐和唐鉴，都没有放弃发展畿辅水利的愿望。

道光二十二至二十五年（1842—1845），林则徐在伊犁戍守，他调查南疆水利，捐资修筑阿齐乌苏皇渠的龙口工程等，皇渠长200多公里，修成后灌溉阿齐乌苏10万亩土地。当地群众感念林则徐的功德，将皇渠称为林公渠。道光二十五年（1845）十一月林则徐被允许以四品京堂回京候补。途中被授以陕甘总督、陕西巡抚。二十七年（1847）调任云贵总督。二十九

---

[1] 《林则徐全集》第七册《信札》第397《致唐鉴》，道光二十二年六月间于西安，海峡文艺出版社。

年（1849）九月，以病开缺，回原籍养病。

道光三十年（1850）五月，咸丰帝即位，曾有意任用林则徐办理直隶水利事宜。林则徐第三次上奏发展畿辅水利主张，李元度称："文宗之召公也，将使筹畿辅水利，即公前疏所谓本源中之本源也。"[1]《清史稿》云："道光之季，东南困于漕运，宣宗密询利弊，疏陈补救、本原诸策，上《畿辅水利议》。文宗欲命筹办而未果。"[2] 宣宗是道光帝的庙号，文宗是咸丰帝的庙号。《清史稿》则又指出了咸丰帝"欲命筹办而未果"，及林则徐第三次疏陈发展畿辅水利等事实。此说不无道理。

唐鉴原先一直希望由林则徐主持畿辅水利。林则徐去世后，唐鉴两次上奏发展畿辅水利的主张。咸丰元年（1851），唐鉴赴京，召对十五次，咸丰帝欲兴畿辅水利，有诗为证："稼穑艰难关帝念，邦畿丰阜足民储。才非贾谊无长策，祇此区区敬吐虑。"[3] 咸

---

[1] 《国朝先正事略》卷二五《林文忠公事略》，光绪乙未上海点石斋缩印本。

[2] 《清史稿》卷三六九《林则徐传》，第 38 册，第 11494 页。

[3] 《唐确慎公集》卷八《到京召见十一次纪恩四章》。

丰三年（1853），"唐鉴进《畿辅水利备览》，命给直隶总督桂良阅看，并著于军务告竣时，酌度情形妥办"[1]。唐鉴与林则徐的主张是一致的。咸丰帝一直想兴办直隶水利的事实，或许表明他登基前就耳闻盛行于江南籍官员中的畿辅水利主张。

3. 林则徐畿辅水利思想的历史价值及其西北水利实践

林则徐为什么提出发展畿辅水利的主张，并三次上奏朝廷？这首先有现实的原因，其次是当时思潮使然，并受师友中讲求畿辅水利者的影响，最后是有历史渊源的。

现实原因是，林则徐任河东河道总督和江苏督抚，河工积弊、漕运弊端及江苏连年水旱灾荒等问题，难以解决，使他坚决主张发展畿辅水利，"以足北储，以苏南土"[2]，就近解决京师粮食供应，缓解对江南的压力。道光十一年（1831）十一月迄道光十二

[1] 《清史稿》卷一二九《河渠志四·直省水利》。

[2] 桂超万：《上林少穆制军论营田疏》，见《皇朝经世文编续编》卷三九《户政十一·屯垦》。

年五月，林则徐接替严烺，任河东河道总督，管理东、豫两省黄、运修防事宜。道光帝认为，"林则徐非河员出身，正可厘划弊端"[1]，要他"务除河工积习"。他表示，"河工积习，尤所熟闻，将欲力振因循，首在破除情面"[2]。林则徐接任后，不仅履行职责，而且深切地体会到并解决了几项河工积弊，如对料垛的处理等。道光十二年至十六年（1832—1836），林则徐任江苏巡抚，不仅亲历江苏连年水旱灾荒，数年间连续数月督促催漕，目睹漕运积弊难返，而且颇感救治无方。自道光元年以来，江苏连年水旱，癸未（道光三年，1823）大水、辛卯（道光十一年，1831）、壬辰（道光十二年，1832）大水、癸巳（道光十三年，1833）大水、乙未（道光十五，1835）大旱，这些大水旱，使江苏年岁不登。这在同时代人著述中都有体现，如冯桂芬说，江苏"道光十年（1830）以后，无年不灾"[3]，"至道光癸未（道光三年，1823）大水，元气顿耗，商利

---

[1] 道光十一年十一月十五日《起程赴河东河道总督新任折》，见《林则徐集·奏稿上》。

[2] 道光十一年十二月初七日《接任河东河道总督日期折》，见《林则徐集·奏稿上》。

[3] 《江苏减赋记》，见《显志堂稿》卷四。

减而农利从之，于是民渐自富而之贫，然犹勉强支吾者十年，迨癸巳（道光十三年，1833）大水而后，始无岁不荒，无县不缓，……癸巳（道光十三年，1833）以前一二十年而一歉，癸巳以后则无年不歉"[1]。林则徐亲历其事，"具官三至江南矣，癸未（道光三年，1823）遇灾，辛卯（道光十一年，1831）以灾至，今复（即癸巳年，道光十三年，1833)遭此灾象"[2]。曾为江苏农商写下"八哀"[3]，其感情之深沉，类似于贾谊"可为痛苦者一，可为流涕者二，可为长叹息者六"。水旱使粮食、桑蚕丝织减少，民不聊生，甚至可能激起民变，但"国家岁转南漕四百万石，江以南四郡一州居其半。夫此四郡一州，地方五百余里耳，而天庾正供如是，京师官俸兵饷咸于是乎"[4]。京师所需要漕粮白粮既不可减，但"嘉庆季年，帮费无艺，白粮至石二金，州县借口厚敛，辄征三四石当一石。民不堪

---

[1] 《请减苏、松、太浮粮疏》，见《显志堂稿》卷九。

[2] 《林则徐全集》第五册《文录·祈晴祝文》，道光十三年三月初三日。第499页。

[3] 《林则徐全集》第五册《文录·二此祷雨祝文》，道光十五年闰六月十三日，第501页。

[4] 《林则徐全集》第五册《文录·绘水集·序》，道光十三年十月。

命,听之则激变,禁之则误兑。进退无善策。公不得已,准其年其县民困之重,辄请缓漕一二分者,甚者三四分,岁以为常"[1]。林则徐只能连年请求减缓江苏漕赋。但他自述:"虽历五次冬漕,只求无误正供,实不敢言无弊。"[2]他究心改革漕务,但历时三年未获实效,"江苏漕务,患于银米日加,而实由于帮丁之勒索。……当林少穆制军抚江苏时,洞悉其弊,力欲除之,立之章程,……自甲午冬至乙未春(即道光十四、十五年,1834、1835),无日不究心于此。……孰知旗丁诡谲,迁延至三月而不行,恐渡淮期误以干重咎,不得已仍由旧章,而始兑始开"[3]。漕运弊端在于运丁和闸坝的勒索导致漕粮运输费用增加。为了不耽误运期,江苏省只能满足运丁和闸坝的勒索。因此,面对江苏连年长江流域水旱灾害不断[4],苏北里下河地区水患严重、漕弊不能除时,道光十三年(1833)他说:"智勇俱困,

---

[1]《林文忠公祠记》,见《显志堂稿》卷三。

[2]《林则徐集·奏稿中》,中华书局,1962年,第723—724页。

[3] 王鎏:《钱币刍言续刻·毛应观〈序〉》。转引自来新夏:《林则徐年谱》(增订本),第156页。

[4] 施和金:《江苏农业气象灾害历史纪年》,吉林人民出版社,2004年,第221页。

为之奈何！"[1] 这不仅是对江北下河连年水灾的感叹，更是对江苏漕重民困、漕运弊端的感叹。林则徐早有改黄河于山东入海之议，但为物议和风水说阻，故不敢轻易上奏此论。[2] 他除了在道光六年（1826）与陶澍等试行海运，上奏请求减缓漕粮、亲自催漕、兴修水利、赈济灾民、祈求苍天雨阳时若外，就只有屡次请求发展畿辅水利，才能一举多得，使京储充足、南漕改折、剔除漕弊、节省河工经费等。[3]

其二，嘉道时经世致用的社会思潮使然[4]。嘉道时，为解决漕运问题，有识之士提出海运、剔除漕弊、减少南漕或改折、发展畿辅水利等主张。嘉庆末、道光初，河道总督黎世序主张发展北方水利。[5] 阮元主张必要

[1] 《复陈恭甫先生书》，见《林则徐书简》，第23—24页。转引自来新夏：《林则徐年谱》（增订本）127页。

[2] 《林则徐书简》，第24页，转引自来新夏：《林则徐年谱》（增订本），第112页。

[3] 林则徐：《畿辅水利议·序》。

[4] 龚书铎：《清嘉道年间的士习和经世派》，见《中国近代文化探索》，北京师范大学，1988年，77页。

[5] 程含章：《覆黎河帅论北方水利书》，见《清经世文编》卷一〇八《工政十四·直隶水利中》。

时可使用海运。[1] 嘉庆时，林则徐往来南北，曾拜晤黎世序和阮元，《日记》中多有记载。道光四年（1824）黎世序卒，林则徐写诗悼念："余也篷牖儒，水经匪谙习。昨年隶麾斾，讲画领亲切。"[2] 即指道光三年（1823）十二月简放淮海道，为南河总督属官，隶属河道总督黎世序，且听其治河学说一事。道光十一年（1831）十一月至十二年五月，林则徐任河东道总督。道光十二年（1832）三月六日，陈寿琪致信林则徐："阁下曩再莅吴，有德于吴人甚巨，……江南财赋半天下，顾比年水患荐仍，民气凋敝，箕敛浮溢，厨传繁奢，虚耗之弊，在官多于在民。……此诚军国之忧也。……于正本之道，非屏供亿而绝苞苴，不足以执贪惏之口，而养疲瘵之肤，此阁下所优为，而亦为中外所为阁下共信者也。"[3] 所说"屏供亿而绝苞苴"指减少上供京师漕粮和杜绝漕弊，"养疲瘵之肤"指缓解江南漕赋压力从而给予休养生息之机，"中外所为阁下共信"，指

---

[1] 阮元：《海运考跋》，见《清经世文编》卷四八《户政二十三·漕运下》。

[2] 《云左山房诗钞》卷二《挽黎襄勤公世序》。

[3] 《与林少穆巡抚书》，见陈寿棋：《左海文集》卷五。转引自来新夏：《林则徐年谱》（增订本），第117页。

江南人相信林则徐能减少上贡数量，杜绝漕弊。陈寿祺，福建侯官人，他对林则徐都有如此期望，何况江南士绅。

道光十三年（1833），林则徐说："江苏……自道光三年至今，总未得一大好年岁。而钱漕之重，势不能如汤文正之请减赋，故一年累似一年。江北连岁水灾，更不可问。"[1]他陈述当时灾情："此邦自癸未（道光三年，1823）已来，民气未复，辛卯（道光十一年，1831）、壬辰（道光十二年）又值霪潦为患，今岁（道光十三年）一春苦雨，麦仅半稔，迨四五月，方以雨阳应时为农民幸，孰意秋来风雨如晦，有亘寒之占，黍稷方华，而地气不上腾，……而秀而不实者比比矣。吴中士女纺绩者什九，吉贝之植多于艺禾，频岁木棉又不登，价数倍于昔，而布缕之值反贱。"[2]道光元年大水，道光十一、十二年又经历大水。道光十三年春大水，秋寒。木棉连年减产，价高；布匹反而价低。多水寒冷的气候导致农作物减产，人民生计艰难。因

---

[1] 《复陈恭甫先生书》，见《林则徐书简》，第23—24页。转引自来新夏：《林则徐年谱》（增订本），第127页。

[2] 《林则徐全集》第五册《文录·绘水集序》，道光十三年十月。

此他说:"国家岁转南漕四百万石,江又南四郡居其半。夫此四郡一州,地方五百余里耳,而天庾之供如是,京师官俸兵饷咸于是乎。惟薪年谷顺成,犹可为挹注耳,顾又遭此屡歉之余,国计与民生有两妨而无兼济。"

十一月,他上奏请求缓征新赋,次年带征[1],并说:"江苏四府一州之地,延袤仅五百余里,岁征地丁漕项正耗银二百数十万两、漕白正耗米一百五十余万石,又漕赠行、月、南屯、局恤等米三十余万石,较浙省征粮多至一倍,较江西则三倍,较湖广且十余倍不止。""国计与民生实相维系,朝廷之度支积贮,无一不出于民,故下恤民生,正所以上筹国计。"[2]对林则徐减缓南漕之举,吴人深为感激。吴大澂说:"道光朝,……吾吴漕粮帮费之重困已久,势不得改弦而更张。文忠疏请缓漕一分二分,或三四分,与民休息,岁以为常。"[3]

除了减缓漕粮外,林则徐还推广早稻种植,讲求

---

[1] 《林则徐集·奏稿上·太仓等州县卫帮续被阴雨收成歉薄请缓新赋折》,道光十三年。

[2] 《林则徐集·奏稿上·江苏阴雨连绵田稻歉收情形片》,道光十三年十一月十三日。

[3] 吴大澂《序》,见《显志堂稿》卷首,光绪三年。

江南水利，受到江南士绅的称颂："侯官中丞今大贤，讲求水利筹农田。"[1]

由江南水利，他自然就想到畿辅水利："南方地亩狭于北方，而一亩之田，中熟之岁，收谷约五石，则为米二石五斗矣。"[2] 假设畿辅发展水利，则北方大亩收谷岂不更多？北粮岂不更易运到京师？

其三，林则徐的朋友、同年、同僚著书，如唐鉴著《畿辅水利备览》、潘锡恩著《畿辅水利四案》、吴邦庆编著《畿辅河道水利丛书》，对林则徐都有影响。

林则徐与潘锡恩的关系较密切，特别是嘉庆十八年至嘉庆二十三年（1813—1818），两人交往密切。其他时间相见较少。林则徐后来说："三十年同谱，殆若晨星。白首怀人，只增感喟。"[3] 正是对两人关系的写照。潘锡恩，字芸阁，安徽泾县人。林、潘同是嘉庆十六年（1811）进士，即同年；寓所相近，潘锡恩自述

---

[1] 齐彦槐：《龙尾车歌》，转引自来新夏：《林则徐年谱》（增订本），第128页。

[2] 林则徐：《畿辅水利议·序》。

[3] 《林则徐全集》第七册《信札》第483《致潘锡恩》，道光二十四年十月中旬于伊犁，第391—392页。

家在京师宣武门西寓舍，有求是书斋[1]，今人或以为其寓所在宣武门外下斜街[2]。林则徐自嘉庆十八年（1813）十一月租赁粉坊琉璃街房屋[3]，嘉庆二十三年（1818）六月时已移居土地庙上斜街。[4] 两处都离南横街不远，都在北京市今西城区（原宣武区）。《林则徐集·日记》记载他们交往较多，有宴饮、诗课、游玩、馈赠等各种形式。[5] 嘉庆二十三年（1818）二月十三日，乾清宫大考翰詹。嘉庆帝命题《澄海楼赋》。十四日发表考试等第名单，林则徐列三等第二十九名"[6]，潘锡恩列一等[7]。道光十八年（1838）十一月二十七日林则徐南下广州经河间，潘锡恩正在河间兼试差，两人"谈片

[1]　潘锡恩：《畿辅水利四案·案补》。

[2]　白杰：《宣南文脉》，中国商业出版社，2005 年，第 138 页。

[3]　《林则徐集·日记》，第 29 页。

[4]　《林则徐全集》第七册《信札》第 11《致郭阶三》，嘉庆二十三年六月二十五日。

[5]　嘉庆十八年十一月十一日"上午同年诸人来寓宴集"。二十一年正月初四"潘芸阁招饮，俱未赴"，十四日宴客，有潘芸阁在座。二月二十五日午后诸同年潘芸阁等来寓课诗。四月初八日早晨，往潘芸阁家祝寿。五月初七日下午，往潘芸阁处诗课。以上分别见《林则徐集·日记》第 29、33、34、42、45 页。

[6]　来新夏：《林则徐年谱》，上海人民出版社，1985 年，第 46 页。

[7]　《清史稿》卷三八三《潘锡恩传》，第 38 册。

刻而别"[1]。道光二十三年（1843）正月初八林则徐阅邸抄，知南河帅麟庆褫职，潘锡恩放南河河督。[2] 林则徐赠联祝贺："三策治河书，纬武经文，永作江淮保障；一篇澄海赋，谈天藻地，蔚为华国文章。"[3] 其中"治河书"当指《续行水金鉴》，"澄海赋"指嘉庆二十三年（1818）翰林大考时的《澄海楼赋》。道光二十四年（1844）十月中旬，林则徐在伊犁致信潘锡恩，辞谢潘出资为自己赎罪之举，"阁下十五年前分赔之款尚未就绪，正弟所代为蹙额，乃犹于涸辙中相濡以沫，使弟何以自安？"同时再次祝贺潘"重持河淮之节，未尝不以手加额，为朝廷庆得人"，并为潘面临的治河保漕形势艰难而担忧。像他们这种交往关系，道光三年（1823）潘锡恩《畿辅水利四案》刊刻后，赠书给林则徐，应当是没有问题的。但大约在什么时间？道

[1] 《林则徐集·日记》，第 317 页。

[2] 《林则徐全集》第九册《日记》，海峡文艺出版社，2002 年，第 506 页。

[3] 来新夏：《林则徐年谱·附录一谱余》（增订本）引用同治十年退一步斋刊本方浚师《蕉轩随录》卷一二《林文忠赠联》。道光六年至九年，潘锡恩为南河副总督。道光十一年，前任南河总督黎世序和南河副总督潘锡恩主持、俞正燮等编辑《续行水金鉴》成书。道光二十三年至二十八年任南河河道总督兼漕运总督。故此联当作于道光二十三年正月朝廷用潘锡恩为南河总督后。

光五年（1825），潘锡恩补淮扬道。道光六年至九年
（1826—1829），任南河副总河。九年至十二年（1829—
1832）在原籍守丧。道光二十三年（1843）为南河总
督。[1]道光五年至九年（1825—1829），林则徐为江苏
布政使、江宁布政使等。从时间上看，潘赠书给林，
当在道光五年至九年（1825—1829）之间。所以道光
十五年（1835）十二月林则徐请桂超万校刊《北直水利
书》，并"赐示《畿辅水利丛书》并《四案》诸篇"之事。[2]

　　吴邦庆，字霁峰，直隶霸州人，嘉庆元年（1796）
进士。林则徐，嘉庆十六年（1811）进士。林与吴，
年辈相差较远，林称吴为"前辈"或"先生"。道光四
年（1824）吴邦庆编著《畿辅河道水利丛书》刊刻时，
林则徐署江苏布政使，似不可能得到赠书。道光九年
至十一年（1829—1831），吴邦庆为漕运总督，督漕
三年，东土无延期。[3]道光十一年十二月，林则徐任
河东河道总督。[4]道光十二年（1832）二月十八日，林

[1]　《清史稿》卷三八三《潘锡恩传》。

[2]　《林则徐集·日记》，第214页。桂超万：《上林少穆制军论营田疏》，
　　见《皇朝经世文编续编》卷三九《户政十一·屯垦》。

[3]　徐世昌、王树楠：《大清畿辅先哲传》第五《吴邦庆传》。

[4]　来新夏：《林则徐年谱》（增订本），上海人民出版社，第1985年。

则徐补授江苏巡抚，吴邦庆补授河东河道总督。他们是前后任的关系。林则徐俟吴邦庆到任后即赴新任。[1] 道光十二年三四月，林则徐等待吴邦庆来接任，他在信中多次提到此事，"霁峰先生尚未见有到江之信"[2]，"霁峰前辈闻已卸篆，此间瓜代约在五月中旬"[3]。瓜代，指任期已满，后任接替，即交接工作。同年五月二十五日，林则徐与吴邦庆在山东台儿庄交接工作："昨接霁峰先生书，知二十日渡河，定于二十五日在途接印"，于是林则徐"带印迎至前途，兹于廿五日在台儿庄交卸"。[4]自道光十二年至十五年（1832—1835），吴邦庆为河东河道总督。或许，在道光十二年五月二十五日交接工作时，或在其后不久，吴邦庆赠《畿辅河道水利丛书》给林则徐。如此，则有道光十二年六月，林则徐召冯桂芬"入署，校《北直水利

---

[1]《林则徐集·奏稿上·补授江苏巡抚谢恩折》，中华书局，1962年，第23—24页。

[2]《林则徐全集》第七册《信札》第82《致陶澍》，道光十二年三月初五日。

[3]《林则徐全集》第七册《信札》第85《致沈维桥》，道光十二年四月二十八日。

[4]《林则徐全集》第七册《信札》第856《致郑瑞麟》，道光十二年五月二十五日。

书》"一事。[1] 并有道光十五年十二月林则徐"赐示《畿辅水利丛书》并《四案》诸篇"给桂超万，并请桂超万校勘《北直水利书》之事。[2]

林则徐与唐鉴的相识，当在嘉庆十九年四月至嘉庆二十一年五月间（1814 年 5 月—1816 年 6 月）。嘉庆十九年四月，林则徐庶吉士散馆，授翰林院编修，七月派充国史馆协修，二十年承办一统志人物名宦部分。唐鉴，湖南善化人，嘉庆十四年（1809）进士[3]，十六年授翰林院检讨，二十一年五月为浙江道监察御史。他们二人同时在翰林院的时间，是嘉庆十九年四月至嘉庆二十一年五月，他们的认识当在这一时期开始。林则徐记载：二十一年五月初七日，引见翰林院保送唐鉴等十人为御史。[4] 唐鉴《畿辅水利备览》成书于嘉庆十六年至道光元年（1811—1821）。当唐鉴刊刻《畿辅水利备览》时，并没有赠书给林则徐。但在江苏

---

[1] 冯桂芬：《显志堂稿》卷一二《跋林文忠公河儒雪辔图》。来新夏：《林则徐年谱》（增订本）。

[2] 《林则徐集·日记》。桂超万：《上林少穆制军论营田疏》，见《皇朝经世文编续编》卷三九《户政十一·屯垦》。

[3] 《清史稿》卷四八〇《唐鉴传》，第 43 册。

[4] 《林则徐集·日记》，第 45 页。

时，唐鉴受林则徐等保举而任职，并向林则徐负责。
道光十三年（1832）十月，唐鉴补授安徽宁池太广道员，
"巡查六府州仓库钱粮之责，兼管关务"；道光十四年
二月二十四日，江苏巡抚林则徐与两江总督陶澍、署
漕运总督恩铭、安徽巡抚邓廷桢，合衔保举唐鉴为江
安粮道"于地方漕务情形，夙切讲求，深知利弊"[1]。唐
鉴督粮北上的工作，受到林则徐的关注。[2]

不仅如此，道光二十年（1840）、二十一年，唐鉴
还两次向林则徐陈述发展畿辅水利的必要，并希望由
林则徐来办理此事。道光十九年十一月二十九日林则
徐在广州钦差大臣任内上疏，请求发展畿辅水利。道
光二十年，唐鉴致信林则徐，向林则徐陈述发展畿辅
水利的必要和可能。道光二十年四五月间林则徐在广
州致信唐鉴，信中提到："畿辅水田之请，本欲奋掮亲
操，而未能如愿闻已作罢论矣。手教犹倦倦及之，曷
胜感服。"[3]道光二十一年秋季，当林则徐还在河南黄

---

[1]《林则徐集·奏稿上》，第163页。

[2]《林则徐集·日记》，第155页。

[3]《林则徐全集》第七册《信札》第205《致唐鉴》，道光二十年四五月
间于广州，海峡文艺出版社。

河河工工地时，唐鉴写信给林则徐并赠书两种，其中一种是《畿辅水利备览》。次年夏季，林则徐在荷戈西行伊犁途中，在西安，给唐鉴复信："去岁九秋，在河干得执事手书，并惠大著两种。……所辑《水利书》援据赅洽，源流贯彻。……老前辈大人撰著成书，能以坐言者起行，自朝廷以逮闾井，并受其福。岂非百世之利哉！"高度评价《畿辅水利备览》。林则徐表示："侍于此事积思延访，颇有年所，而未能见诸施行，窃引为愧。"[1] 总之，在畿辅水利问题上，唐鉴和林则徐，同明相照，同类相求。

最后，元明清江南籍官员有感于江南赋重漕重，而讲求发展西北华北（畿辅）水利的传统，对林则徐亦有影响。自元代以来，江南籍官员，不满于江南赋重漕重，而提倡发展以畿辅水利为开端的西北水利，就近解决京师及北边的粮食供应问题，从而缓解京师对江南漕粮的压力。这种思想潮流，延续到清代。林则徐继承了元明至清乾嘉时讲求畿辅水利者的思想传统。

---

[1] 《林则徐全集》第七册《信札》第 300《致唐鉴》，道光二十二年六月于西安，海峡文艺出版社。

林则徐的畿辅水利思想，与前代、同时代讲求畿辅水利者的思想，大旨相同，细节则异。即他们都主张发展畿辅水利，减少京师对东南的粮食需求，这是毫无疑问的；但具体细节上，如在关于畿辅水利与河道的关系、发展水稻生产与农田水利的关系、设置专官和责成守令等问题的看法上，林则徐与其他人不同。在关于畿辅水利与河道的关系上，林则徐主张，"治水先治田，……若俟众水全治而后营田，则无成田之日"。这与唐鉴相同，而与冯桂芬有异。唐鉴主张，畿辅水利就是"下手则见地开田而已，切不可在河工上讲治法"。冯桂芬不同意，"即不能众水全治，亦当择要先治，盖未闻水不治而能成田者"。"水不治而为田，或田其高区而水不及，或田其下地而水大至，一不见功，因噎废食，文忠亦未之思也。"[1]唐鉴、林则徐更多地考虑现实需要，而冯桂芬更多地考虑治水合理性。

在发展水稻生产与农田水利的关系上，林则徐与唐鉴、冯桂芬一样，都主张发展水稻生产，因为他们

---

[1] 冯桂芬：《校邠庐抗议·兴水利议》，中州古籍出版社，1998年，第112—113页。

认为水稻产量高。林则徐说，南方小亩水稻亩产五石
（米二石五斗）；唐鉴认为水稻高产，高粱小麦薄产；
冯桂芬说，一亩水稻可养活一人，十亩高粱或小麦才
可养活一人。但吴邦庆则主张不必完全改种水稻。林
则徐、冯桂芬都认为水稻高产，而吴邦庆认为北方不
见得都适合种植水稻，更多地考虑北方水分、土壤、
温度等实际情况。

在设置专官和责成守令问题上，林则徐主张责成
守令，吴邦庆主张设置专官和委员相结合。林则徐相
信守令的执行力，吴邦庆认为地方守令会只顾本乡本
土利益，只有朝庭权威才能协调各方利益。相比而言，
吴邦庆的主张，更有可行性、必要性。

桂超万，先是赞同畿辅水利，后来他在畿辅地
区为官八年，转而不赞成畿辅水利。其理由主要是，
畿辅雨水不足。他说："后余官畿辅八年，知营田之
所以难行于北者，由三月无雨下秧，四月无雨栽秧，
稻田过时则无用，而乾粮过时可种，五月雨则五月
种，六月雨则六月种，皆可丰收。北省六月以前雨少，
六月以后雨多，无岁不然。必其地有四时不涸之泉，
而又有宣泄之处，斯可营田耳。"畿辅多数地区，雨

水与水稻生产季节不符，但玉田、丰润、磁州水源丰富可以发展水利。[1] 今天，论者曰北方热量不够，不能发展水稻，这是不能让林则徐等信服的。假使热量不足，后来东北、伊犁水稻生产是怎么发展起来的？

林则徐兴办直隶水利的主张，一经提出，即遭到直隶总督琦善的阻挠。道光十七年（1837）二月初八日，林则徐离京赴湖广总督任，路经保定，直隶总督琦善"来寓长谈，去后，即往答之，又谈至傍晚"[2]。琦善反对畿辅水利，其主要原因是，他认为由林则徐提出畿辅水利，是越俎代庖。琦善"遇公保定，议时事不合，论直隶屯田水利，又憾公越俎"[3]。林则徐以苏抚而言直隶水利，使琦善颇感不满。"侯官林文忠公所著《畿辅水利议》，征引凿凿有据，然当时直隶制府有违言，因而不行。"[4] 其实林则徐早就想"面求经理兹

---

[1] 桂超万：《上林少穆制军论营田疏》，见《皇朝经世文编续编》卷三九《户政十一·屯垦》。

[2] 《林则徐集·日记》，中华书局，1962年，第226页。

[3] 金安清：《林文忠公传》，见《续碑传集》卷二四，清光绪十九年刊本。

[4] 谢章铤：《课余偶录》卷三，转引自杨国桢：《林则徐传》，第118页。

事"[1]。道光二十二年（1842）夏季，林则徐在西行伊犁途中，在复唐鉴信中表示实施畿辅水利，"侍于此事积思延访，颇有年所，而未能见诸施行，窃引以为愧"[2]。对此，林则徐表示很惭愧。但林则徐和唐鉴，都没有放弃发展畿辅水利的愿望。

林则徐发展西北、华北（畿辅）水利的主张没有实现，这有多方面的原因。本书在前面多次谈过这个问题，此不赘述。

但是，当他在伊犁遣戍时，参与了伊犁和南疆的水利建设。道光二十年（1840）九月林则徐被革职；二十一年（1841）五月效力河南河工后仍遣戍伊犁；二十二年（1842）夏季西行途中，他在回复唐鉴的信中表示，对他一直想办理的畿辅水利没有实行，表示很惭愧，十一月抵达伊犁。他除了解伊犁的边防哨卡情形，"还研究屯田备边的历史经验，着重了解清代在新疆屯田的情况。他亲自摘抄的史籍、档案材料，

---

[1] 桂超万：《上林少穆制军论营田疏》，《皇朝经世文编续编》卷三九《户政十一·屯垦》。

[2] 《林则徐全集》第七册《信札》第 397《致唐鉴》，道光二十二年六月于西安，海峡文艺出版社。

目前可以看到的，就有《喀什噶尔、巴尔楚克等处屯田原案摘略》《巴尔楚克等城垦田案略》……等篇。这些材料，主要涉及民屯和回屯，而对道光年间的情况，摘抄得最为详细"[1]。他认为在伊犁兴修水利，可以一举两得："……晒渠导流，大兴屯政，实以耕种之民，为边徼藩卫，则防守之兵可减，度支省而边防益固。"[2]

道光二十四年（1844），伊犁屯田歉收，伊犁将军布彦泰大伤脑筋。满八旗旗屯的建设，始于嘉庆八年（1803）松筠任伊犁将军时。惠远城稻田迤东七里沟，即阿齐乌苏旗屯，引用阿里木图沟泉水，并辟里沁之新开渠水灌溉，为八旗公田。[3] 但是在嘉庆后期，由于水源不足而废弃。这时伊犁将军布彦泰，欲重修阿齐乌苏旗屯，"拟引哈什河之水以资灌注，将塔什鄂毕斯坦回庄旧有渠道，展宽加深，即开接新渠引入阿齐乌苏东界，并间段酌挖支渠，俾新垦之田便于浇

---

[1] 杨国桢：《林则徐传》，人民出版社，1980年，第394页。

[2] 黄冕：《书林文忠公逸事》，咸丰元年于长沙。转引自杨国桢：《林则徐传》，第395页。

[3] 祈韵士：《西陲要略》卷三《伊犁兴屯书始·三屯水利附》。

灌"[1]。道光二十四年（1844）五月，林则徐给伊犁将军布彦泰写信，表示"情愿认修龙口要工"，[2]即哈什渠中的一段；经过四个多月，终于修成"宽三丈至三丈七八尺不等，深五六尺至丈余不等，长六里有奇"的渠道，[3]使"十万余亩之地，一律灌溉，无误春耕"[4]。

十一月，林则徐奉命前往天山南麓阿克苏、乌什、和田查勘垦务。道光二十五年（1845），继续查勘叶尔羌、喀什葛尔、巴尔楚克、喀喇沙尔、哈密垦务，共查勘六十八万亩土地。[5]在查勘过程中，林则徐感叹："南八城，如一律照苏、松兴修水利，广种稻田，美利不减东南。"[6]因此他经常根据山原形势，倡导开浚水源，兴修水利。如在喀喇沙尔（今焉耆县），他倡导增挖中渠一道，支渠两道，接引北大渠水，灌溉库尔勒环城新垦荒地；挖大渠一道，支渠四道，退水渠一道，引开都河水，灌溉北山根垦地。在伊拉里克（即

---

[1]《清史列传》卷五四《布彦泰传》。

[2]《林则徐全集·文录·上伊犁将军布彦泰》，道光二十四年。

[3]《史料旬刊》第37期，清道光朝密奏专号第三，第369页。

[4]《清宣宗实录》卷三四九，道光二十四年九月壬辰。

[5] 杨国桢：《林则徐传》，第404页。

[6] 吴蔼宸：《新疆纪游》，转引自杨国桢：《林则徐传》，第404页。

板土戈壁），从二百里外引大小阿拉浑河水，用旧毡铺垫渠底，减少渗漏。在吐鲁番，推广卡井。[1] 可以说，林则徐参与新疆的水利建设，部分地实现了他的西北水利思想。

但林则徐还是为新疆水利感到些许遗憾。道光二十九年（1849）冬十一月，林则徐由昆明回原籍，由洞庭湖入湘江，派人请左宗棠晤谈，二十一日（1850年1月3日）在长沙码头泊舟夜话，他们主要讨论西域时务。三十年后左宗棠回忆说："忆三十年前，弟曾与林文忠公谈及西域时务。文忠言：西域屯政不修，地利未尽，以致沃饶之区，不能富强。言及道光十九年（1839）洋务遭戕时，曾于伊拉里克及各城办理屯务，大兴水利，功未告蒇，已经伊犁将军布彦泰奏增赋额二十余万两，而已旋蒙恩旨入关。颇以未竟其事为憾。"[2] 这表现了林则徐对西北水利的拳拳之心。

---

[1] 杨国桢:《林则徐传》，第 404—405 页。

[2] 《左文襄公全集・书牍》卷一七《答刘毅斋书》。

结　语

元明清时江南官员学者提倡发展畿辅水利，有一个最根本的前提，是辽、金、元、明、清定都北京。从经济发展来说，北京不适宜作为首都，但，有多种因素使得北京成为辽金元明清首都。首先是地理条件的因素，其次是唐宋以来东北民族发展壮大进而统治全国。

先说第一点。北京位于北纬40°，处于长城一线，北京南北分别是两种气候、植被、经济类型、居住及生活习俗，必须用不同的制度来管理南北两区域。北京成为华北平原与山后地区交往的交通要道。南北分立时，北京是中原皇朝与北边民族交往的前线；当全国统一时，北京成为理想的政治中心，能同时兼管南北两个区域。"幽燕诸州盖天造地设以分番汉之限""天时地利以限南北"，是南北分立时对幽燕地理位置的高度概括；"燕盖京都之选首"则是南北统一时对幽燕地理位置的概括。汉文帝、晁错、司马迁等都认识到了长城南北两个区域，由于自然条件差异，造成经济类型、社会生活、礼仪制度的差异，需要采取两种统治方式。汉文帝后元二年（前162）与匈奴和亲书曰："汉与匈奴邻国之敌，匈奴处于北地，寒，杀气早降"；"长城以北，引弓之国，受命于单于；长城以内，冠带之室，朕亦制之。使万民耕织射猎衣食，父子无离，臣主相安，俱无暴逆"。汉文帝与匈奴约，以长城为界，各自分别统治南北两个区域。辽、金、元都实行"因宜为治""因俗而治"的治国方略，当南北统一时，燕京成为联系南北的中心，这是北京成为五朝首都的地理位置因素。

再说第二点，唐宋以后中国历史发展格局的变化，是燕自辽、金以来成为政治中心的社会条件。唐宋以后，北方和东北方民族的发展，以及由此而来的中国历史变化格局这个社会条件因素，决定了北京成为辽、金、元、明、清的都城。自中唐以后，东北的契丹、女真、蒙古和满等民族不断发展壮大，进入华北后，将北方作为政治军事中心，进而南下控制江淮等富庶区，夺取全国。以燕为首都，进可攻，退可守。蒙古贵族霸突鲁称"幽燕之地……南控江淮，北连朔漠"，表达了元朝"北连朔漠"的思想。而控制北方与东北方民族的最前沿阵地，莫过于北京。总之，都燕，除了因为燕本身具有地理形势险要和具有联系南北两大区域的地理位置优势外，唐宋以后北方和东北方民族的发展，以及由此而来的中国历史发展格局的变化，也是很重要的社会条件。

北京从经济上不具备成为首都的条件，对汉族政权来说，又不利于防卫，叶盛、许伦、魏焕、王琼都论述了蒙古骑兵经常兵临城下，京师人心惶惶的情形。景泰（1450—1456）、嘉靖（1522—1565）、崇祯（1628—1644）年间，每当京城危急，就有人提出迁都。甲申（1644），又有三李（李邦华、李明睿、李建泰）提出迁都南京。王士性认为，"今声名文物东南为盛，大河南北不无少让"，今日东南独盛，实际他赞成建都南京。

从粮食供应角度说，都燕，使京师粮食供应困难，并且造成运河、黄河及沿线农业缺少灌溉水源。国家为了保漕运，靡费金钱于河道，而牺牲可用于生谷的水源，又使黄河左躲右闪，入海不畅，徐光启说："漕能使国贫，漕能使水费，漕能使河坏。"黄宗羲说，明朝都燕不过二百年，江南之民命，竭于输挽，大府之金钱靡于河道，皆都燕之为害也。他反对都燕，认为有王者起，当建都金陵。到清朝，除康熙《畿辅通志》作者盛称燕京为建都之首选，说些阿谀逢迎之话，多数学者都认为，畿辅自然条件，不足以供给其粮食等物资需求；从南方漕运，又穷竭东南民力。徐元文认为，帝王建都必居上游，天下之势自西而东，自北而南，居东南则省东南民力。顾祖禹不批评都燕，但认为都燕必须重视东南的交通地位。"广平、河间之际，实首冲焉；临清、天津至渔阳，皆海运通衢。"因为漕渠中贯于山东，江淮四百万粟，皆取道于此，山东为储运通衢。嘉庆、道光时，黄河冲决，运河梗塞，许多江南官员学者批评都燕，指出漕运的艰难与隐患。尽管元明清江南籍官员学者一再提倡发展畿辅水利，甚至不断地向皇帝上奏，面陈发展畿辅水利，但终究没有实现。

客观地说，建都北京，势必增加人口，增加生产生活对物质及资源的需求，北京各种资源条件，如水、粮食、燃料，都不足以支撑，都需要外地支援。元明清时，漕运仅仅供应京师皇室、百官和军队，不包括其他普通人民的粮食。

元明清时，建都北京是既成事实，不可改变。在建都北京的基本条件下，要解决粮食供应问题，而且要避开海运途径，自然只剩下贸易和发展畿辅水利、提高粮食产量等几种途径，而当时人们并未考虑畿辅人口问题。

畿辅水利最终没有实现，有多方面的原因。其一，提倡西北华北（畿辅）水利者，其根本目的是通过发展北方的水稻生产，使京师就近解决其粮食供应问题，从而减轻江南的赋重漕重问题。当同治二年（1863），经李鸿章奏请，朝廷允许减少苏、松、太赋税后，或者当招商海运、漕粮折征银两、东北农业发展、粮食贸易活跃后，京师无需依赖东南漕粮，则发展畿辅水利的根本目标就不存在了，这或许是李鸿章最终反对畿辅水利的根本原因，或许也是畿辅水利最终不能有大成效的政治因素。

其二，元明清历时近七百年，华北地区气候与水利条件有变化，但大趋势是干旱。大致说来，十三世纪初偏旱，中期又偏涝，后来除十四世纪末至十五世纪初、十七和十八世纪中期以外，在现代小冰期内基本以偏旱为主。[1] 近五百年内京津渤海地区平均两年多有一次干旱，其中连续干旱两年或两年以上者有103年。明朝神宗和清康熙帝，都曾对臣下指出北方气候干燥，水量少而不均，不能大规模种稻的道理。[2] 清朝，人们对全国及畿辅气候变化趋势有直观的认识。康熙三十七年（1698），李光地说："北土地宜，大约病潦者十之二，苦旱者十之八。"[3] 嘉庆二十五年（1820），包世臣说："国家休养生息百七十余年，……其受水患者，不过偏隅，至于大旱，四十余年之中，惟乾隆五十年（1785），嘉庆十九年（1814）两见而已。"[4] 即自乾隆三四十年至嘉庆二十五年的四十多年中，水灾多发生在偏隅，而大旱之年有乾隆五十年（1785）和嘉庆十九年（1814）。以上情况是针对全国情况而言。道

---

[1]　李克让：《中国气候变化及其影响》，海洋出版社，1992年，第250页。

[2]　游修龄：《中国稻作史》，中国农业出版社，1995年，第297页。

[3]　李光地：《饬兴水利牒》，见《皇朝经世文编·户政》。

[4]　包世臣：《安吴四种》卷二六《庚辰杂著二》。

光三年（1823），潘锡恩说："曩者，十年之中，忧旱者居其三四，患涝者偶然耳。自嘉庆六年（1801）以来，约计十年之中，涝者无虑三四。"[1]即嘉庆六年（1801）以前，畿辅气候旱灾为多，水潦偶尔发生；自嘉庆六年至道光时，直隶水患居多。当多水时期，水稻生产面积扩大，而干旱时期又缩小。乾隆八年（1743）有作者说，畿辅农民遇有积水，不能种麦种秋，自然种稻。三五年后水涸，民仍种麦种秋，所收不减种稻。[2]在多水时期扩大水稻生产，干旱时就无法应对。如乾隆二十八年（1773），乾隆帝上谕："倘将洼地尽改作秧田，雨水多时，自可藉以储用，雨泽一歉，又将何以救旱？"[3]清朝后期，北方气候日渐干旱，直隶九十九淀，填淤干涸，缺乏地表水资源，使以发展水稻生产为主要目标的畿辅水利，受到干旱条件的限制。

其三，畿辅降水条件与水稻生长季节不符。道光时，桂超万的说法，比较有代表性。桂超万，安徽桂池人。道光十五年（1835），他受林则徐委托校勘林著

---

[1] 潘锡恩：《畿辅水利四案·附录》，道光三年刻本。

[2] 《新安县志》卷一《舆地志·水利》，乾隆十八年刻本。

[3] 《清史稿》卷一二九《河渠志四》。

《畿辅水利议》，很赞成畿辅水利。自道光十六年（1836）起，任直隶栾城县知县。[1] 在畿辅地区为官8年，他对畿辅水利的态度发生转变。他认为，畿辅地区不能全部改行水稻田："后余官畿辅八年，知营田之所以难行于北者，由三月无雨下秧，四月无雨栽秧，稻田过时则无用，而干粮则过时可种，五月雨则五月种，六月雨则六月种，皆可丰收。北省六月以前雨少，六月以后雨多，无岁不然。必其地有四时不涸之泉，而又有宣泄之处，斯可营田稻耳。"[2] 畿辅冬春少雨、夏季多雨，而水稻生产则需要春季有雨水。所以畿辅的水热条件，不适宜水稻生产，只有四时泉水不竭才可种植水稻。光绪七年（1881），李鸿章说，畿辅河流"其上游之山槽陡峻，势如高屋建瓴，水发则万派奔腾，各河顿形雍涨，汛过则来源微弱，冬春浅可胶舟，迥不如南方之河深土坚，能容多水，源远流长，四时不绝也"[3]。由于畿辅夏季多雨，冬春少雨，使得畿辅水

[1]《桂超万传》，见《清史列传》卷七六。

[2] 桂超万：《上林少穆制军论背田书》，见《皇朝经世文编续编》卷三九《户政十一·屯垦》。

[3] 李鸿章：《覆陈直隶河道地势情形疏》，见《皇朝经世文编续编》卷一一〇《工政直隶河工》，光绪七年。

稻生产只限制在少数水源充沛的地方。总之，水源和气候状况表明，旱地作物，可能更适合华北的气候和水源状况。

那么，清代官员学者发展畿辅水利思想的主张，又有什么价值？大致有以下几个方面。

首先，他们发现了区域经济发展的不平衡，南北各地人民负担的不同，注意到人民的怨恨情绪，根据历史和地理条件，提出了解决方案，并且自元代开始，一直持续到清末。这种为国计民生，勤奋思考，勇于实践的精神，值得肯定。

其次，他们的思想方法，也值得肯定。其中最重要的一点，就是认为要大力发展本地区的经济，增加人民蓄积，注重解决国家利益与人民利益，京师利益与地方利益的矛盾，京师不要过度依赖其他地区物资的调拨和援助，避免产生社会思想的对立，促进区域社会经济的协调发展。

再次，他们发现的问题，至今仍然存在。元明清漕运，只解决京师皇室、百官和军队的粮食需求，与人民无关，也不涉及其他资源如水、燃料等。1949年中华人民共和国成立后，定都北京，要保证供应或满

足全体北京人民的水、粮食、蔬菜、燃料等生活物资
需求。发展大型工业，需要更多的水资源和其他物质
资源。

目前北京市常住人口和流动人口已经达到 2300
万，远远超出北京生态环境承载力。2014 年 2 月 26
日，习近平总书记考察北京，提出"四个中心"，即北
京是全国政治中心、文化中心、国际交往中心、科技
创新中心，要求努力把北京建设成为国际一流和谐宜
居之都。2014 年，北京开始大力疏解非首都功能，腾
退一般制造业、区域性市场和区域性物流功能，加快
构建高精尖产业结构。2015 年 4 月 30 日，中央政治
局会议审议通过《京津冀协同发展规划纲要》，进一步
明确北京"四个中心"的定位。北京市委常委会召开
扩大会议，书记郭金龙表示，要坚决遏制人口无序过
快增长的势头，清理一般性污染性产业。2017 年 5 月
17 日，北京市委公布《北京城市总体规划（2016 年—
2035 年）》：北京中心城区是"四个中心"的集中承载
区；顺义、大兴、昌平、怀柔等 10 个周边城区，按照
京津冀功能分区要求、不同承载能力和区位条件，在
市域范围内实现内外联动发展、南北均衡发展、山区

和平原地区共同发展。[1]国家已经将北京市定位为我国的政治中心、文化中心、国际交往中心和科技中心。北京市政府迁到通州，可是北京城人口基数仍在2000万以上，远远超出其城市空间和资源承受力。

以水资源来说，北京的水资源严重不足，过去很多年，靠山西、河北、天津、山东等地支援。目前又依靠丹江口水库支援。唯一办法是限制外地人口大量涌入北京，北京自我解决水、粮食、蔬菜等一切生活物资供应问题，不依赖外部，这样北京可以不饮长江水，不食江南米，就不会听到抱怨。

但是，北京是全国人民的政治中心、文化中心、国际交往中心、科技创新中心，还是需要全国人民来建设，其水、粮食、蔬菜等物资供应，严重不足；医院、学校、公共交通、住房等生活设施，严重不足。在这种情况下，是移民到外地，或让这些人口各回各省，还是疏解北京的非首都功能，这是一个千年难题、千年任务。所幸中央已经有了宏图大计。2018年4月开始建设雄安新区，这是千年大计，国家大事。2019

---

[1] http : //hao.360.cn/?src=bm

年1月，北京市政府迁址通州。相信一定会出现一个美丽宜居的新北京。

参考文献

［1］ 班固:《汉书》,中华书局 1962 年点校本。

［2］ 脱脱:《宋史》,中华书局 1977 年点校本。

［3］ 宋濂:《元史》,中华书局 1976 年点校本。

［4］ 张廷玉:《明史》,中华书局 1974 年点校本。

［5］《明实录》,台湾"中研院"1962 年校印本。

［6］ 盛康编:《皇朝经世文编续编》,见沈云龙主编:《近代中国史料丛刊第一辑》,台湾文海出版社,1966 年。

［7］ 赵尔巽:《清史稿》,中华书局 1977 年点校本。

［8］ 申时行:《明会典》,中华书局,1989 年。

［9］ 徐贞明:《潞水客谈》,见《畿辅河道水利丛书》。

［10］ 徐光启:《农政全书》,岳麓书社,2002 年。

［11］ 徐光启:《徐光启全集》,上海古籍出版社,

2010 年。

［12］ 王夫之:《读通鉴论》,中华书局,1976 年。

［13］ 冯桂芬:《显志堂集》,清光绪刻本。

［14］ 冯桂芬:《校邠庐抗议》,中州古籍出版社,1998 年。

［15］ 贺长龄、魏源辑:《皇朝经世文编》,清光绪石印本。

［16］ 林则徐:《林则徐集》,中华书局,1962—1965 年。

［17］ 编委会:《林则徐全集》,海峡文艺出版社,2002 年。

［18］ 魏源:《魏源集》,中华书局,1976 年。

［19］ 包世臣:《包世臣集》,安徽黄山出版社,1995 年。

［20］ 陈仪:《陈学士文集》,乾隆十八年兰雪斋刻本。

［21］ 唐鉴:《畿辅水利备览》,清光绪十九年刻本。

［22］ 潘锡恩:《畿辅水利四案》,道光三年刻本。

［23］ 吴邦庆:《畿辅河道水利丛书》,道光四年益津刻本。

［24］ 唐鉴:《唐确慎公集》,光绪元年刻本。

［25］ 唐鉴:《畿辅水利备览》,上海图书馆藏,道光十九年刻本。

〔26〕 唐鉴:《畿辅水利备览》，见马宁主编:《中国水利志丛刊》，广陵书社 2006 年。

〔27〕 曾国藩:《太常寺卿谥确慎唐公墓志铭》，缪荃孙:《续碑传集》卷一七，光绪十九年江苏书局校刊。

〔28〕 李元度:《国朝先正事略》，光绪乙未上海点石斋缩印本。

〔29〕 张先抡纂:《善化县志》，光绪三年刊本。

〔30〕 陶澍:《陶文毅公全集》，淮北刊本。

〔31〕 陈仪纂:《畿辅通志》卷四七《水利营田》，雍正十三年刻本。

〔32〕 朱云锦:《豫乘识小录·田赋说》，《近代中国史料丛刊》第 37 辑。

〔33〕 缪荃孙:《续碑传集》卷二四《金安清〈林文忠公传〉》，清光绪十九年刊本。

〔34〕 祈韵士:《新疆要略》，光绪四年铅印本。

〔35〕《左文襄公全集》书牍，卷十七《答刘毅斋书》。

〔36〕《新安县志》卷一《舆地志·水利》，乾隆十八年刻本。

〔37〕 白寿彝总主编，龚书铎主编:《中国通史》第

十一卷《近代前编》（1840—1919）（下），上海
人民出版社，2013年，第2版。

[38] 白杰著:《宣南文脉》,中国商业出版社,1995年。

[39] 赵冈等:《清代粮食亩产》,农业出版社,1995年。

[40] 杨国桢:《林则徐传》，人民出版社，1981年。

[41] 来新夏:《林则徐年谱》（增订本），上海人民出版社，1985年。

[42] 龚书铎:《清嘉道年间的士习和经世派》，见《中国近代文化探索》，北京师范大学出版社，1988年。

[43] 施和金:《江苏农业气象灾害历史纪年》,吉林人民出版社，2004年。

[44] 邹逸麟:《山东运河地理问题初探》,《历史地理》1981年。

[45] 邹逸麟:《从地理环境的角度考察我国运河的历史作用》,《中国史研究》1982年。

[46] 狄宠德:《析〈畿辅水利议〉谈林则徐治水》,《福建论坛》1985年6期。

[47] 苏全有:《试论林则徐的农业水利思想及实践》,《邯郸师专学报》1996年2期。

［48］ 张沁文:《有机旱作农业战略》,《农业考古》1983 年。

［49］ 史念海:《中国古都形成的因素》,《中国古都学研究》1989 年。

［50］ 蓝勇:《从天地生综合角度看中华文明东移南迁的原因》,《学术研究》1995 年 6 月。

［51］ 李伯重:《"道光萧条"与"癸未大水"》,《社会科学》2007 年 6 月。

后　记

　　清代，有很多畿辅水利著作和文章，而嘉、道年间出现的四种著作，是比较著名的，不仅因为这些著作的作者中唐鉴、潘锡恩、林则徐都是著名的历史人物，而且还因为他们都从事与督漕、办漕及河工等相关工作，深知漕运艰难，且有仕宦和学术交往；他们三位是京师宣武门外汉族士人中讲求漕河、水利的著名南方官员，只有吴邦庆是出身北方直隶文安籍的官员。

　　20多年前，我开始研究元明清华北、西北水利，后来逐步研究华北、西北水利文献，有几个新发现：第一次发现清代嘉、道年间几位著名的江南籍官员学者提倡发展畿辅水利；第一次发现著名理学家唐鉴在50年间孜孜不倦地呼吁发展畿辅水利；第一次发现著名政治家林则徐一生拳拳于发展畿辅水利，有专著，有奏章，有与其他官员的互动；第一次发现直隶官员吴邦庆著成《畿辅河道水利丛书》。唐鉴早年写成《畿辅水利备览》，两次上奏皇帝，甚至临终时请曾国藩代他上奏。林则徐很关注畿辅水利，他甚至想自己兴办畿辅水利，道光十九年十一月初九日（1839年12月）戌刻（晚7点到9点），他于钦差使粤任内，单独向朝廷上奏折，建议发展畿辅水利，解决京师粮食供应问题。道光二十年（1840），唐鉴致信林则徐，向林则徐陈述发展畿辅水利的必要和可能。道光二十一年（1841）秋，林则徐被从广州发往河南黄河河工效力，唐鉴写信给林则徐，并赠送《畿辅水利备览》。次年夏天，林则徐在西行伊犁途中，在西安写信给唐鉴，对畿辅水利不能实施，深以为愧。咸丰元年（1851），当太平军占领江南有漕省份时，京师粮食供应困难，唐鉴于咸丰元年、三年（1853）两次向朝廷建议发展畿辅水利，赠书给军机处，咸丰十一年（1861）去世，由曾国藩上奏其遗疏，包括《进〈畿辅水利备览〉疏》。这说明嘉、道年间，京师粮食供应紧张。京师宣武门外一些有识之士关心现实，发现问题，提出解决方案。

其拳拳之心，令人感动。

　　书稿完成后，想用几张书影，来展示唐鉴、林则徐、潘锡恩、吴邦庆四人的专著和林则徐的奏疏。北京师范大学历史学院张端成同学，将前往上海复旦大学历史地理中心，跟从张伟然教授读硕士学位，他通过馆际互借的付费服务，拿到上海图书馆藏本唐鉴《畿辅水利备览》的书影。南京大学历史学资料室刘玲玲老师，无偿提供给我她们制作的林则徐道光十九年十一月初九日奏稿的书影。马云同学，从中国地方志数据库和中国基本古籍库下载《畿辅水利四案》和《畿辅水利议》的书影。杭州图书馆金新秀同志，在 7 月 1 日炎热的上午，去浙江图书馆，亲自申请使用该馆馆藏的清道光四年益津吴氏刻本《畿辅河道水利丛书》的书影，这是多么值得纪念的日子。

　　吴邦庆《畿辅河道水利丛书》不是善本，国内有十多家图书馆有藏书。我们本来想就近向国家图书馆北海分馆，申请使用其藏本的书影。了解到国图北海分馆书影的使用流程，首先要签协议，写审批书，报给学校审批，把申请、审批材料交给北海分馆的工作人员，他们再交领导审批，领导审批后，工作人员再做书影。这个过程，听着就让人晕头转向，不知道要盖几个章，走几个部门审批，比申请护照、户口本还复杂，我们只能放弃使用。在同一件事情上，国家图书馆北海分馆和杭州的浙江省图书馆，对待读者的需求，是多么不同！这是不是历史上南北矛盾的遗留？读者自会判断。

在整理书稿过程中，我还得到南京大学历史系资料室刘玲玲老师、研究生马海天同学，首都师范大学史明文同志，杭州图书馆金新秀同志，北京师范大学历史学院研究生马云、本科生张端成、陈兴、褚邈等，以及刘玉峰同志的帮助。特向上述同志致谢！并向中国基本古籍库致谢！

最后，要提到历史学院已故书记史革新教授。他为人善良、正直，很关心我。他以研究清代理学而著称。唐鉴是清代重要理学家。但是，很多人不知道一代理学家唐鉴，一生孜孜不倦地呼吁发展畿辅水利。当他得知我在研究唐鉴《畿辅水利备览》，并且读过《唐确慎公集》时，非常高兴。他要我写几篇清代水利官员的思想评述，给《清史研究通讯》，表示我们可以合作整理唐鉴的全部著作，后来我们一起申请清史研究项目《唐鉴全集》的整理工作，已经有眉目。冬天他胃部不舒服，要去医院住院，他把此事委托给我，不意他一病不起。曾记得他在古籍部看书，中午不休息，多年的辛勤工作，对他的身体是一种严重损伤，非常可惜。在此，对史革新教授，表示感谢。

王培华

2019 年 7 月 1 日记于北京师范大学图书馆